Barbara Seeberg

Nachhaltigkeitsverständnis in kleinen und mittleren Unternehmen

Strategieimplikationen zum nachhaltigen Wirtschaften

EHV

Seeberg, Barbara

Nachhaltigkeitsverständnis in kleinen und mittleren Unternehmen
Strategieimplikationen zum nachhaltigen Wirtschaften

ISBN: 978-3-86741-889-8
Auflage: 1
Erscheinungsjahr: 2013
Erscheinungsort: Bremen, Deutschland
D93

www.eh-verlag.de

Barbara Seeberg

Nachhaltigkeitsverständnis in kleinen und mittleren Unternehmen

EHV

Geleitwort

Das Konstrukt Nachhaltigkeit, ursprünglich in der Forstwirtschaft entwickelt, ist heute eine häufig, ja schon inflationär verwendete Vokabel in den Wirtschafts- und Sozialwissenschaften sowie in Wirtschaft und Politik. Dementsprechend heterogen wird das Konstrukt interpretiert. Mit dem Brundtland Bericht (1987) ergab sich eine gewisse Zensur in der Sicht auf Nachhaltigkeitsprozesse. Er erweiterte den Betrachtungsfokus von der Makroebene mit der Adressierung vor allem staatlicher Regelungen auf die Mikroebene, auf der Unternehmen als Schlüsselakteure für eine nachhaltige Entwicklung ausgemacht werden.

Die betriebswirtschaftliche und die ingenieurwissenschaftliche Forschung haben Aspekte der Nachhaltigkeitsproblematik, sei es als Bestandteil im generellen Zielsystem der Unternehmung oder in Form spezifischer Problemlösungen, denn auch vor geraumer Zeit aufgegriffen und seither verstärkt behandelt. So sieht das „Stuttgarter Unternehmensmodell", die wissenschaftliche Ausgangsbasis der „Graduate School of Excellence advanced Manufacturing Engineering" (GSaME), ein Zielsystem für wettbewerbsfähige Fabriken der nächsten Generation mit gleichzeitig ökonomischer, ökologischer und sozialer Nachhaltigkeit vor.

Das Ableiten von Implikationen, die sich aus einem derartig umfassendem Nachhaltigkeitsverständnis für die strategische Unternehmensführung ergeben, ist Anliegen der vorliegenden Arbeit. Dabei konzentriert die Verfasserin ihre Analyse auf kleine und mittlere Unternehmen (KMU) und begründet diesen Fokus mit der Vernachlässigung dieser Unternehmensgruppe in der betriebswirtschaftlichen Forschung und im Nachhaltigkeitsdiskurs.

Die Arbeit untersucht das Verständnis von Nachhaltigkeit in kleinen und mittleren Unternehmen, wählt dazu als primäre theoretische Basis die Stakeholder-Theorie und leitet aus den gewonnenen Erkenntnissen Strategieimplikationen in Form einfacher Regeln ab. Sie liefert Beiträge zur KMU- und Stakeholder-Forschung.

Prof. Dr. Erich Zahn

September 2013

Vorwort

Die vorliegende Arbeit entstand während meiner Tätigkeit als Doktorandin der Graduate School of Excellence advanced Manufacturing Engineering (GSaME) der Universität Stuttgart.

An erster Stelle bedanke ich mich bei meinem Doktorvater Herrn Prof. Dr. rer. pol. Erich Zahn für die Betreuung und für wichtige Hinweise zu inhaltlichen Verbesserungen sowie für interessante Impulse und Diskussionen. Zudem danke ich Prof. Dr.-Ing. Prof. E.h. Dr.-Ing. E.h. Dr. h.c. mult. Engelbert Westkämper für die engagierte Übernahme des Mitberichts und die stete Unterstützung und Betreuung während der Arbeit. Ebenso danke ich Univ.-Prof. Dr.-Ing. Dr.-Ing. E. h. Dr. h. c. Dieter Spath für die kurzfristige Übernahme der Aufgabe des 2. Mitberichters.

Neben meinem Erstbetreuer, Dr.rer. pol André Reichel bedanke ich mich auch bei Dr. rer. pol. Lukas Scheiber für die vielen Gespräche, kritischen Hinweise und Hilfestellungen. Diese Arbeit war zudem nur möglich durch die Mithilfe von 12 Unternehmen und deren Geschäftsführern, die sich für ein Interview bereit erklärt haben. Dafür danke ich Ihnen. Ebenso danke ich all denen, die mir die Kontakte zu diesen Firmen ermöglicht und somit die Türen für diese Gespräche geöffnet haben.

Keiner arbeitet für sich alleine: Ich bedanke mich bei allen Kolleginnen und Kollegen der GSaME, die mich während meiner Arbeit unterstützt und begleitet haben, für die aufgeschlossene und freundliche Art und die stete Hilfsbereitschaft und Zusammenarbeit. Meinen Mitstreitern Michael, Max, David, Frauke, Donald und Thorsten danke ich für die Aufmunterungen und den Kaffee. Meinen Freundinnen und Freunden danke ich dafür, dass sie mich auf dem Boden der Tatsachen gehalten haben, so dass ich die Praxis nie aus den Augen verloren habe.

Ein besonderer Dank gilt meinen Eltern: Für ihre beständige, unerschütterliche und vorbehaltlose Unterstützung trotz aller Kurven in meinem Lebensweg, dass sie mir meinen Freiraum gegeben und mich immer gefördert haben – Danke.

Barbara Seeberg

September 2013

Inhaltsverzeichnis

Abkürzungsverzeichnis

AO	Abgabenordnung
BUND	Bund für Umwelt und Naturschutz Deutschland
B2B	Business-to-Business
B2C	Business-to-Consumer
CDP	Carbon Disclosure Project
CSR	Corporate Social Responsibility
DJSI	Dow Jones Sustainability Index
DL	Dienstleistungen
EMAS	Eco-Management and Audit-Scheme
EU	Europäische Union
GAT	Gesprächsanalytisches Transkriptionssystem
GF	Geschäftsführer
GG	Grundgesetz
GRI	Global Reporting Initiative
HGB	Handelsgesetzbuch
IFRS	International Financial Reporting Standards
ILO	International Labour Organization
IÖW	Institut für ökologische Wirtschaftsforschung
KMU	Kleine und mittlere Unternehmen
KStG	Körperschaftssteuergesetz
LCM	Life Cycle Management
LOHAS	Lifestyle of Health and Sustainability
MA	Mitarbeiter
MBV	Market Based View
NGO(s)	Non-Governmental-Organization(s)/Nicht-Regierungsorganisation(en)
OECD	Organisation for Economic Co-operation and Development
RBV	Resource Based View
REACH	Registration, Evaluation, Authorisation and Restriction of Chemicals

RoHS	Restriction of (the use of certain) hazardous substances
RV	Relational View
ST	Stakeholdertheorie
SME(s)	Small and Medium-sized Enterprise(s)
SUM	Stuttgarter Unternehmensmodell
UN	United Nations
UNODC	United Nations Office on Drugs and Crime
US-GAAP	United States General Accepted Accounting Principles
UWG	Gesetz gegen den unlauteren Wettbewerb
WEEE	Waste of Electrical and Electronical Equipment

Abbildungsverzeichnis

Tabellenverzeichnis

Zusammenfassung

Nachhaltigkeit ist ein häufig diskutiertes Konzept in Politik, Wirtschaft und Wissenschaft. Dabei ist eine genaue Definition schwierig, die Anwendungsgebiete sind nur unzureichend abgegrenzt und die Implikationen für nachhaltiges Wirtschaften gestalten sich vielfältig. Unternehmen stehen in einem besonderen Fokus. Sie produzieren Güter und beeinflussen dabei ihre Umwelt. Bisherige Studien im Bereich Nachhaltigkeit konzentrieren sich häufig auf Unternehmen allgemein oder auf internationale Konzerne. Kleine und mittlere Unternehmen (KMU) werden dabei selten näher betrachtet.

Diese Arbeit konzentriert sich auf drei Bereiche: Zum einen untersucht sie das Verständnis von Nachhaltigkeit in kleinen und mittleren Unternehmen (KMU). Dieses wird in erster Linie über ein langfristiges Bestehen der Unternehmung definiert. Zweitens weitet die Arbeit die Stakeholdertheorie auf KMU aus, welche die theoretische Grundlage dieser Arbeit bildet. Besonderheiten von Stakeholdern in diesem Zusammenhang sind: definiertere Stakeholdergruppen, größerer Druck durch die Stakeholder, Personalunion von Stakeholdern, persönliche Beziehungen und erschwerte Substitution von Stakeholdern. Im letzten Schritt wurden Strategieimplikationen für das erarbeitete Nachhaltigkeitsverständnis innerhalb der Stakeholdertheorie abgeleitet. Daraus ergeben sich 15 einfache Regeln, die in einer Strategie-Matrix zusammengefasst werden. Diese berücksichtigen sowohl das Nachhaltigkeitsverständnis der KMU als auch das erweiterte Nachhaltigkeitsverständnis von Wissenschaft, Wirtschaft (im makroökonomischen Sinn) und Politik.

Die Arbeit beginnt mit der Darlegung der Problemstellung, der Zielsetzung und der Forschungsfragen. In Kapitel 2 wird der Kontext – Nachhaltigkeit und Unternehmen – näher erläutert. Kapitel 3 gibt einen Überblick über aktuelle Forschungsinhalte der Stakeholdertheorie und der Strategieforschung. Dabei werden wesentliche Schnittpunkte für KMU und Nachhaltigkeit herausgearbeitet. Kapitel 4 erläutert die verwendeten Methoden - Fallstudien mit Interviews - und die Datenanalyse. In Kapitel 5 werden die Ergebnisse vorgestellt. Kapitel 6 weitet die Stakeholdertheorie auf KMU aus. In einer Strategiematrix werden 15 einfache Regeln für nachhaltiges Wirtschaften in KMU vorgestellt, die als „guiding policies" für die Strategiefindung verstanden werden können. Kapitel 7 fasst die Ergebnisse zusammen und zeigt den weiteren Forschungsbedarf auf.

Abstract

Sustainability is a much discussed concept in politics, economics and sciences. Finding an agreement regarding the definition of sustainability is difficult. The scope of application and the implications for sustainable businesses differ. Companies are in the focus of sustainability efforts. They produce goods and influence their environment significantly. Current studies make no distinction between companies or just focus on multi-national corporations. Small and medium-sized enterprises (SMEs) are usually not considered.

This thesis answers three questions regarding sustainability and small and medium sized enterprises: 1. How do SMEs define sustainability?, 2. How can SMEs be integrated into Stakeholder Theory?, and 3. What are the implications for strategies in SMEs?

SMEs define sustainability as longevity. Stakeholder Theory, which is the theoretical framework for this thesis, is analyzed and extended to include SMEs. Five aspects of stakeholders, which are significant for SMEs, are determined. Those are: more defined stakeholders, higher pressure due to stakeholder structure, stakeholders fulfill more than one role, personal and informal relationships, and difficult replacement of stakeholders. 15 resulting implications for the strategies for SMEs were defined and are shown in a matrix. They fulfill the requirements of the SMEs in longevity as well as the understanding of sustainability of the society.

The thesis has seven parts. Chapter one defines the research question and objectives. Chapter two limits the research to sustainability in enterprises and later on to SMEs. Chapter three gives an overview regarding recent research in stakeholder theory and strategy research. Chapter four describes the research method – case studies and interviews – and the analysis of the data. Chapter five summarizes the findings. In chapter six, sustainability is defined from an SME point-of-view. Then stakeholder theory is extended to SMEs. The chapter finishes with 15 rules for strategy in SMEs. Those are presented in a strategy matrix. Chapter seven summarizes the findings and identifies further research options.

1. Einleitung

1.1. Problemstellung

Am 17.01.2011 trat die Enquete-Kommission des Deutschen Bundestages (2011) „Wachstum, Wohlstand, Lebensqualität - Wege zu nachhaltigem Wirtschaften und gesellschaftlichem Fortschritt in der Sozialen Marktwirtschaft" zur konstituierenden Sitzung zusammen. Wie deren Präsident Prof. Dr. Norbert Lammert feststellte, ist die Einrichtung dieser Kommission eine Konsequenz der seit 1972 andauernden Debatte um die „Grenzen des Wachstums" (Meadows 2000 [1972]; Meadows et al. 2007) mit der 2008/09 stattgefunden Finanzkrise als Auslöser. Ziel der Kommission ist, eine holistische Betrachtung der Themen Wachstum, Wohlstand und Lebensqualität in Verbindung mit einem nachhaltigen Wirtschaften in unterschiedlichen Bereichen zu erreichen. In fünf Projektgruppen wird der Stellenwert von Wachstum, Wachstumsindikatoren, Ressourcenverbrauch, Ordnungspolitik und Arbeitswelt erörtert.[1] Dabei werden Unternehmen als Akteure zunächst nicht explizit benannt. Allerdings werden sich alle Ergebnisse auf die Wirtschaftspolitik und somit auf Unternehmen auswirken. Dies zeigte sich z. B. im Titel einer Sitzung der Kommission am 21. Mai 2012: „Perspektiven für Innovation und Fortschritt in Deutschland unter besonderer Berücksichtigung der Rolle der Unternehmen".

Nachhaltigkeit ist ein unscharfes Konzept, was sich in einer Vielzahl von Definitionen widerspiegelt. Während einige Untersuchungen den Schwerpunkt auf soziale Belange legen, richtet sich der Fokus bei anderen auf ökologische Themenstellungen. Hahn et al. (2010, S. 393 ff.) fordern Ergänzungen in Theorien und Modellen der Management- und Geschäftsstrategieforschung, um soziale, ökologische und ethische Herausforderungen abbilden zu können. Langer (2011, S. 5) vertritt die These, dass Nachhaltigkeit ein wertbildender Faktor in Unternehmen ist, und legitimiert somit die Forderung nach einem nachhaltigen Wirtschaften aus ökonomischen Gründen.

Aufgrund des bisher vorherrschenden Nachhaltigkeitsverständnisses, der Triple-Bottom-Line (Elkington 1999 [1997], S. 397), werden Strategien dazu in drei Stränge geteilt. Die ökologische Nachhaltigkeit wird durch Umweltmanagement erreicht, die soziale Nachhaltigkeit durch Corporate Social Responsibility (CSR) und die ökonomische Nachhaltigkeit durch Wertschöpfung (Bansal 2005, S. 199 f.). Ob diese Aufteilung in drei Bereiche und ein Ableiten

---

[1] Für weiterführende Informationen zu den Arbeitsbereichen der Enquete-Kommission siehe z. B. Alcott 2005, van der Bergh 2009, Ewing 2010, Hoekstra 2009, Jackson 1966, Jenkins 2011, Majer 1998, Matsumoto 2009, Paech 2009, Seidl 2010, Stabilitätsgesetz des dt. Bundestages 08.06.1967, Wackernagel 2002.

von drei Teilstrategien ausreicht, ist fragwürdig, da je nach Anspruchsgruppe (Stakeholder) ein anderes Verständnis von Nachhaltigkeit vorherrscht und somit andere Zielsetzungen existieren.[2]

Einen bedeutenden Beitrag zur wirtschaftlichen Leistungsfähigkeit Deutschlands leisten kleine und mittlere Unternehmen (KMU). Im Mittelstand arbeiten ca. 60 % der sozialversichert Beschäftigen. Über 80 % der Auszubildenden werden dort ausgebildet (Institut für Mittelstandsforschung Bonn 2011).[3] Während es für Großunternehmen viele Plattformen für Nachhaltigkeitsimpulse gibt (GRI, DJSI, CDP etc.[4]), werden KMU häufig vernachlässigt. Hinzu kommt, dass KMU in der Forschung oft als kleine Großunternehmen angesehen und Theorien für Unternehmen generell auf KMU verallgemeinert werden. KMU unterscheiden sich jedoch von Großunternehmen und sind dadurch differenzierter zu betrachten (Meyer 2011, S. V). Beispiele hierfür sind z. B. der Grad der Formalisierung von Prozessen, der Umgang mit und die Verfügbarkeit von Ressourcen sowie die Eigentumsverhältnisse (Bos-Brouwers 2010, S. 419; Kerr 2006, S. 31).

Bisher wurden in Untersuchungen Unternehmen als homogene Gebilde behandelt. Somit ergibt sich das Problem, dass das Nachhaltigkeitsverständnis von großen Unternehmen auf KMU projiziert wurde und daraus gleichartige Ansätze für die Strategie- und Kompetenzentwicklung abgeleitet worden sind. Die Erforschung von Nachhaltigkeitsmanagement in KMU bietet deshalb viel Potenzial (Meyer und Schulz 2011, S. 5 f.). Untersuchungen weisen darauf hin, dass Variablen wie Größe, Branche, Produktspektrum, Position in der Supply Chain[5] etc. eine Rolle bezüglich Nachhaltigkeit spielen; diese sind aber bisher kaum in Bezug zu KMU gesetzt worden.

Rabbe und Schulz (2011b) führten eine Literaturrecherche zum Thema Nachhaltigkeit und KMU in 17 Zeitschriften im Zeitraum von 2005 bis 2010 durch. Dabei bemängelten sie, „[...] dass Strategien aus vielen Teilgebieten oftmals nur in einem sehr speziellen und eingeschränkten Kontext beschrieben und untersucht werden" (Rabbe und Schulz 2011b, S. 419).

Dies wird von Hart und Dowell (2011, S. 1472) bestätigt, die bezüglich Nachhaltigkeit viele Teilstrategien im Bereich Abfallvermeidung und Produktverantwortung vorliegen sehen, jedoch Untersuchungen für eine integrierte nachhaltige Unternehmensstrategie insgesamt für unzureichend halten.

---

2 So kann z. B. auch eine politische oder legale Dimension in Elkingtons Betrachtungen ergänzt werden.

3 Eine genaue Abgrenzung KMU und Mittelstand findet in Kapitel 2.2.5 statt.

4 GRI = Global Reporting Initiative, DJSI = Dow Jones Sustainability Index, CDP = Carbon Disclosure Project; nähere Informationen siehe Kapitel 2.1.4.

5 Siehe dazu besonders Kapitel 2 sowie Forschungslücke Kapitel 3.3.

Schäfer (2012) betrachtet in diesem Kontext zwar kleine Familienunternehmen, allerdings nur in Bezug auf ihr CSR-Verständnis und Aktivitäten dazu. Er blendet weitergehende Bestandteile von Nachhaltigkeit aus. Häufig wird Nachhaltigkeit auch nur auf einen ökologischen Aspekt reduziert (Revell et al. 2010). Ein integriertes Verständnis von Strategien zum nachhaltigen Wirtschaften für KMU gibt es nicht.

Die vorliegende Arbeit setzt an der Schnittstelle von KMU, Nachhaltigkeit und Strategie an und schließt diese Forschungslücke. Dabei werden folgende Problemstellungen insbesondere untersucht:

- Welches Verständnis von Nachhaltigkeit haben KMU?
- Welche Strategieimplikationen ergeben sich daraus für KMU?

1.2. Zielsetzung und Motivation

Die theoretische Grundlage zur Beantwortung beider Fragen ist die Stakeholdertheorie (ST). Sie bietet ein Rahmenwerk, welches neben einer rein ökonomischen Denkweise auch ethische Fragestellungen in die Managementtheorie einbezieht.

Die Ziele der Arbeit werden wie folgt benannt:

- Aufzeigen, wie KMU Nachhaltigkeit interpretieren,
- Anwendung der ST auf KMU und
- Ableiten von Strategieimplikationen für KMU auf Basis der ST.

KMU können aufgrund ihrer Bedeutung für die deutsche Wirtschaft einen wesentlichen Beitrag leisten, nachhaltiges Wirtschaften als Paradigma für Strategiefindung zu etablieren. Ziel ist, ein robusteres und lebensfähigeres Geschäftsmodell zu erhalten, in dem nicht nur ökonomische Kennzahlen als Grundlage zur Entscheidungsfindung dienen.

Diese Arbeit ist sowohl für Wissenschaftler[6], die im Bereich der ST forschen, als auch für Praktiker in Unternehmen geschrieben, um neue Impulse zur Strategieentwicklung zu geben. Unternehmen sollen ermuntert werden, Strategien zu verfolgen, die sich an der ST orientieren. Dies bedeutet, dass „Wirtschaften und Ethik" nicht getrennt, sondern immer gemeinsam zu betrachten sind.

---

[6] Die in der Arbeit benannten Wissenschaftler, Manager, Unternehmensführer usw. schließen immer auch Wissenschaftlerinnen, Managerinnen und Unternehmensführerinnen mit ein. Aufgrund der Lesbarkeit wird jedoch auf die jeweilige Ausformulierung, z. B. Wissenschaftlerinnen und Wissenschaftler, verzichtet.

1.3. Aufbau der Arbeit

In Anlehnung an die Forschungsfragen lässt sich die Arbeit in sieben Kapitel, wie in folgender Abbildung dargestellt, gliedern:

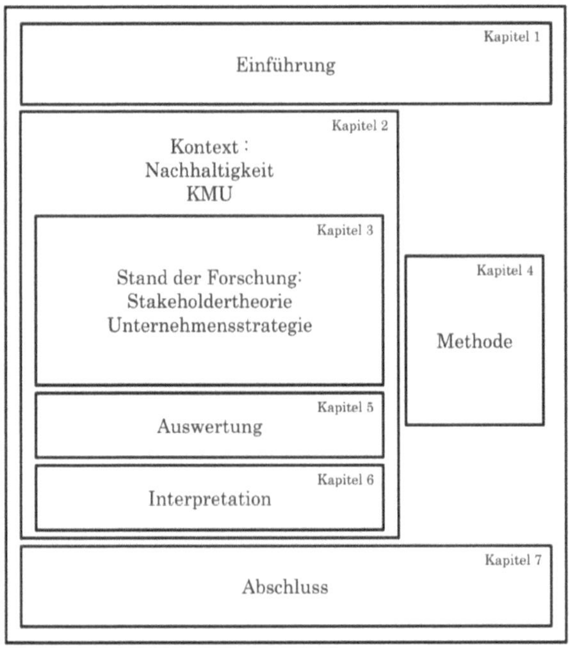

Abb. 1: Aufbau der Arbeit

Im Anschluss an die Problemstellung, Zielsetzung und Vorgehensweise in Kapitel 1, beschäftigt sich Kapitel 2 mit dem Forschungskontext. Dazu werden zunächst die unterschiedlichen Auffassungen von Nachhaltigkeit in der Wissenschaft näher beleuchtet und für die Kapitel 3, 5 und 6 abgegrenzt. Ebenso wird dargestellt, welche Verbindungen zwischen Unternehmen und Nachhaltigkeit existieren, welche Motivation für nachhaltiges Handeln in Unternehmen zugrunde liegt und wie Nachhaltigkeit operationalisiert wird. Darauffolgend wird der Untersuchungsgegenstand näher erläutert. Dies geschieht zunächst durch die Darstellung der Bedeutung von Unternehmen als Erkenntnisobjekt in der Wissenschaft. Des Weiteren erfolgt eine Eingrenzung auf privatwirtschaftlich produzierende Unternehmen mit Business-to-Business (B2B) Beziehungen. Als letzter Schritt wird die Bedeutung der KMU hervorgehoben.

Kapitel 3 erläutert den aktuellen Stand der Forschung in der ST. Zunächst werden wesentliche Inhalte der ST dargestellt. Dann folgt eine Detaillierung der theoretischen Grundlagen anhand der folgenden drei Fragen: „Wer oder was sind Stakeholder?", „Welche Ziele haben sie?" und „In welcher Beziehung stehen sie zueinander?". Des Weiteren werden Unternehmensstrategien kurz erläutert und Strategieansätze zur ST und zur Nachhaltigkeit vertieft. Das Kapitel schließt mit einer detaillierten Darstellung der Forschungslücke ab.

Kapitel 4 beschreibt die Forschungsmethode. Es handelt sich dabei um ein qualitatives Forschungsdesign mittels Fallstudien. Jeweiliges Kernstück der zwölf Fallstudien ist ein fokussiertes Interview mit einem Geschäftsführer. Diese Experteninterviews fanden anhand eines Leitfadens statt und nutzten als Fokusobjekt Karten mit Nachhaltigkeitsthemenstellungen, mittels derer Strategien erläutert wurden. Das Kapitel beschreibt zudem den Ablauf der Interviews und die Transkription. Darauf folgt die Darstellung der Auswertung anhand eines inhaltsanalytischen Ablaufmodells. Abgeschlossen wird mit einer kritischen Reflexion des Forschungsdesigns.

Kapitel 5 wertet die Ergebnisse aus den Fallstudien aus. Dies geschieht anhand des in Kapitel 4 dargestellten Auswertungsschemas und umfasst vier Bereiche: Auswertung der Relevanz der Nachhaltigkeitsthemen, Verständnis von Nachhaltigkeit, Strategien zu den einzelnen Nachhaltigkeitsthemen und Stakeholderbeziehungen.

Kapitel 6 diskutiert die in Kapitel 5 ausgewerteten Daten. Zunächst wird das Verständnis von Nachhaltigkeit erläutert und interpretiert. Darauf folgen die Erweiterung der ST für KMU und die Ableitung möglicher Konsequenzen daraus. Es werden fünf wesentliche Unterschiede bezüglich Stakeholder im KMU-Kontext erarbeitet. Im nächsten Schritt werden 15 Strategieimplikationen in einer Matrix aufgezeigt und deren Nutzen erläutert.

Abschließend fasst Kapitel 7 alle Arbeitsergebnisse zusammen, zeigt die Limitationen der Arbeit auf und gibt Anknüpfungspunkte für weitere Forschung.

Die Arbeit verfolgt einen pragmatischen Ansatz und fokussiert darauf, Nutzen zu stiften, statt Wissen zu generieren und Wahrheit zu entdecken (Freeman et al. 2010, S. 75).

2. Kontext und Erkenntnisobjekt

Das nachfolgende Kapitel ist in zwei Unterkapitel gegliedert, die den Kontext der Arbeit erläutern. Zunächst wird das Konzept „Nachhaltigkeit" näher beleuchtet und abgegrenzt. Der Schwerpunkt liegt dabei auf der Kontextabhängigkeit des Nachhaltigkeitsverständnisses im Allgemeinen und für Unternehmen im Speziellen. Danach werden die Motivation zum nachhaltigen Handeln sowie die Umsetzung und Messung von Nachhaltigkeit in Unternehmen betrachtet. Im zweiten Unterkapitel wird der Untersuchungsgegenstand eingegrenzt. Dabei werden die einzelnen Schritte zur Ausgrenzung von Unternehmen für die Untersuchung näher erläutert und die Entscheidung für KMU als Erkenntnisobjekt begründet.

2.1. Nachhaltigkeit

2.1.1. Nachhaltigkeit in der aktuellen Wissenschaftsdiskussion

Nachhaltigkeit (oder im internationalen Sprachgebrauch „Sustainability") und die dahinter stehenden Ansätze sind häufig wenig operational definiert (de Haan et al. 2008, S. 35 ff.), sehr komplex (Hopwood und Mellor 2005, S. 41) und kaum voneinander abgegrenzt (Glavič und Lukman 2007, S. 1879 ff.; Mog 2004, S. 2139), so dass der Begriff allzu leicht zur Worthülse verkommt und sogar Spott erntet (Cham 2009; XKCD 2012).

Die bekannteste Definition im Zusammenhang mit Nachhaltigkeit ist im Brundtland-Bericht (1987) zu finden:

> „Sustainable development is development that meets the needs of the present without compromising the ability of future generations to meet their own needs."

Die Übersetzung des Begriffes „sustainable development" in „nachhaltige Entwicklung"[7] verschaffte dem Konzept „Nachhaltigkeit" in der Wissenschaft Popularität (Loew et al. 2004, S. 12). Der Begriff wird häufig auf Carlowitz zurückgeführt, der ihn in der Forstwirtschaft geprägt und mit „kontinuierlich" bzw. „beständig" (2000 [1713], S. 105) gleichgesetzt hat.

Während Nachhaltigkeit als Ziel mit festen Vorgaben gesehen wird, stellt nachhaltige Entwicklung einen Prozess dar (Glavič und Lukman 2007, S. 1884), der es schafft, sich den ständig ändernden Anforderungen und Definitionen von Nachhaltigkeit anzupassen, im Sinne von: „Ultimately, good pro-

---

7 Zunächst wurde „sustainable" mit „dauerhaft" übersetzt.

cess[es] will lead to good outcomes" (Mog 2004, S. 2155). Dabei können Initiativen zur Nachhaltigkeit in drei Stoßrichtungen mit unterschiedlich radikalen Ansätzen und Lösungen eingeteilt werden (Hopwood und Mellor 2005, S. 42 ff.):

- Beibehaltung eines Status quo (EU, OECD, Weltbank),
- Reformierung der aktuellen Strukturen z. B. UN Agenda 21 (1992), Faktor Vier (von Weizsäcker et al. 1995), Limits to Growth (Meadows et al. 2007),
- Transformation z. B. Ökofeminismus (Lahar 1991; Warren und Cheney 1991), Degrowth (Seidl und Zahrnt 2010).

Diese für Unternehmen abstrakten Definitionen von Nachhaltigkeit sind für eine konkrete Anwendung nicht geeignet: während die populäre Definition aus dem Brundtland-Bericht sehr allgemein ist (Pearce et al. 1994, S. 457), bleibt Carlowitz im ökologischen Bereich verhaftet.

Eine weitere Übersetzung von „sustainable" in „aufrechterhalten", „tragbar", „tragfähig", „umweltverträglich" oder „zukunftsfähig" macht den Begriff der Nachhaltigkeit für Unternehmen nicht anwendbarer. Je nach Forschungsgebiet und Anwendungsfeld lassen sich weitere Definitionen (Lison 2003, S. 19 f.) und Wortkombinationen finden, darunter z. B. nachhaltiges Wirtschaften (Baumgärtner und Quaas 2010, S. 448 f.), nachhaltiges Wachstum[8] (von Weizsäcker und Desha 2010), sustainable Degrowth (Martínez-Alier et al. 2010, S. 1742), nachhaltige Strategien (Westkämper 2007; Menzel und Günther 2011), nachhaltiges Investment (Schäfer 2009, S. 64 f.), nachhaltige Unternehmensführung (Dyckhoff und Souren 2008) usw.

Unternehmen werden in Betrachtungen zur Nachhaltigkeit auf der Makroebene häufig übersehen. So erwähnt die Enquete-Kommission des Deutschen Bundestages (2011) „Wachstum, Wohlstand, Lebensqualität" in keiner der fünf Projektgruppen explizit Unternehmen. Auch sind Unternehmen in der Agenda 21 in nur einem Kapitel erwähnt (1992, Kap. 20). Dabei spielen diese im Wirtschaftskreislauf eine zentrale Rolle und sind je nach Interpretation Transaktionskostenminderer (Coase 1937, S. 391), Ressourcen- bzw. Kompetenzbündler (Wernerfelt 1984, S. 172; Teece et al. 1997, S. 516) oder Kollektivgutversorger (Olson 2004, S. 15).

Im Unternehmenskontext hat sich die Triple-Bottom-Line bzw. das Drei-Säulen-Modell als Definition für Nachhaltigkeit etabliert. Dieses umfasst die Di-

---

8 Nachhaltiges Wachstum wird häufig als Oxymoron betrachtet, vgl. hierzu Daly 1990.

mensionen: „economic prosperity", „environmental quality" und „social justice" (Elkington 1999 [1997], S. 397).[9] Dabei soll die ökonomische Maxime der Profitmaximierung um soziale und ökologische Komponenten erweitert werden.

Das stößt jedoch auch auf Kritik: Friedman sieht die einzige soziale Verpflichtung von Unternehmen darin, Profite zu machen (1970). Das Übernehmen von sozialer Verantwortung ist dabei meist ein Nebenprodukt. Solche Handlungen können unter ungünstigen Umständen sogar die Wettbewerbsfähigkeit gefährden (Delios 2010, S. 25 f.). Eine Managementtheorie, die dem widerspricht, ist die Stakeholdertheorie. Sie wird im Kapitel 3.1 näher erläutert.

Sobald man die politische Ebene verlässt, werden unterschiedliche Strategien und Methoden zur Nachhaltigkeit diskutiert. So beschreiben und sortieren z. B. Glavič und Lukman (2007, S. 1876) 51 Termini aus der Nachhaltigkeitsliteratur und ordnen diese den bereits drei erwähnten Säulen zu. Dabei berücksichtigen sie Ansätze zu Umweltgesetzgebung, grünen Technologien, Life-Cycle-Bewertungen, Wiederverwertungen usw. Je nach Komplexität werden diese hierarchisch in einer Pyramide angeordnet, die in der Spitze alle Nachhaltigkeitsansätze vereint. Dies erleichtert die Diskussion um Nachhaltigkeit, jedoch nicht deren Anwendung, da die Konzepte häufig unabhängig voneinander genutzt werden.

Zusätzlich hat Nachhaltigkeit einen normativen Charakter (Marcus und Fremeth 2009, S. 19) und ist eng mit ethischen[10] Fragestellungen verbunden. Dies bedingt, dass jede Definition einen Bezug zu der für den Menschen erlebten Umwelt aufweisen muss. So kann Nachhaltigkeit auch als Tugend bezeichnet werden, die idealerweise ökonomische, ökologische und soziale Interessen miteinander verbindet und bei Konflikten moderiert (Bañon Gomis et al. 2011, S. 178). Jede Säule der Nachhaltigkeit beinhaltet eine eigene Rationalität, die durch eine gemeinsame Rationalität, in dieser Argumentation

---

9 Weitere Ansätze zur Nachhaltigkeit siehe z. B. Jörissen et al. 2000. Nachhaltigkeit wird in die Ziele: Sicherung der menschlichen Existenz, Erhaltung des gesellschaftlichen Produktivpotentials und Bewahrung der Entwicklungs- und Handlungsmöglichkeiten eingeteilt.

10 Unterscheidung von Ethik und Moral siehe Pieper 2000, S. 20: Ethik ist die Wissenschaft vom moralischen Handeln; Ethik hat die Moral als Untersuchungsgegenstand, analog dem Theaterkritiker, der den Schauspieler untersucht. Moralisch ist gleichbedeutend mit „sittlich gut". Ebenso erklärt Luhmann 2004, S. 259 ff. innerhalb seiner Systemtheorie die Ethik als Reflexionstheorie der Moral, wobei Moral mit gut/schlecht codiert wird.

„Nachhaltigkeit" genannt, verbunden werden kann und somit Widersprüche auflöst.[11]

Der Bezug auf die Ethik klärt auch, wann ein Thema in den Nachhaltigkeitsdiskurs aufgenommen wird (McMahon und Harvey 2006, S. 382). Zunächst muss eine moralische Fragestellung vorhanden sein. Jones (1991, S. 367) definiert ethische Entscheidungen als solche, die für die Mehrheit der Gesellschaft sowohl legal, als auch moralisch akzeptabel sind. Vor einer Betrachtungsweise der „Erde als Raumschiff" (Boulding 1966) konnte Umweltverschmutzung, solange sie von der Mehrheit akzeptiert wurde, durchaus auch als moralisch richtig interpretiert werden. Ethische Themenstellungen können sozialer (Diskriminierung, Kinderarbeit etc.) oder ökologischer Natur (Umweltverschmutzung, Verwendung von Toxinen in Produkten) sein.

Solange eine Thematik nicht als moralische Fragestellung[12] auftaucht, tritt sie auch nicht in der Nachhaltigkeitsdiskussion für Unternehmen in Erscheinung. Dabei ist die „Gewichtung der moralischen Fragestellung"[13] ausschlaggebend, ob gehandelt wird. Diese ist abhängig von drei Faktoren:

- die Gefahr für das Unternehmen aus den Konsequenzen einer Entscheidung,
- die Nähe des Problems zum Unternehmen/Entscheider und
- der Konsens der Gesellschaft zu einer Thematik.

Je stärker die jeweiligen Faktoren betroffen sind, umso mehr werden Manager auf die moralischen Fragestellungen eingehen und in der Entscheidungsfindung berücksichtigen (McMahon und Harvey 2006, S. 402). Zudem ist eine moralische Fragestellung abhängig von der persönlichen Einstellung des Entscheiders und dem organisationalen Umfeld (McMahon und Harvey 2006, S. 382; Jones 1991, S. 370 ff.).

2.1.2. Bedeutung von Nachhaltigkeit für Unternehmen

In dieser Arbeit wird Nachhaltigkeit nicht abschließend definiert. Es wird stattdessen aufgezeigt, welche Themengebiete Unternehmen in den Begriff „Nachhaltigkeit" inkludieren. Da der Kontext für die Begriffsbestimmung von

---

11 Sie erklären dies mittels eines Beispiels aus dem Sport: Boxen und Eiskunstlauf sind beides olympische Disziplinen, in denen Wettbewerbe bestritten werden. Die Rationalität, nach denen die Medaillen vergeben werden, unterscheiden sich jedoch gravierend. So können sich die Rationalitäten in den Säulen „Ökonomie" und „Ökologie" unterscheiden, die verbindende Rationalität kann jedoch Nachhaltigkeit sein.

12 Im Original: Moral Issue, vgl. Jones 1991, S. 367.

13 Im Original: Moral Intensity.

Nachhaltigkeit eine große Rolle spielt, unterscheiden sich Nachhaltigkeitsdefinitionen und -ziele von z. B. ländlichen Entwicklungsprojekten (Mog 2004, S. 2140), politischen Agenden (United Nations Conference on Environment and Development 1992) und Unternehmen (Global Reporting Initiative 2012) stark. Die Nutzung des Konzeptes „Nachhaltigkeit" für Unternehmen im deutschen Sprachgebrauch ist vielfältig, da Nachhaltigkeit, Sustainability, Umweltmanagement, Umweltverantwortung, Corporate (Social) Responsibility, unternehmerische Verantwortung, Corporate Citizenship etc. parallel, bzw. synonym verwendet und unterschiedlich abgegrenzt werden (Leitschuh 2008, S. 48; Behringer und Meyer 2011, S. 16 ff.; Wieland 2008, S. 87 ff.; Loew et al. 2004, S. 18–45).

Das Verständnis von Unternehmen bezüglich Nachhaltigkeit baut häufig auf dem Drei-Säulen-Modell von Elkington (1999 [1997], S. 2) auf. Diese Dreiteilung war nicht immer gegeben. Das Modell entwickelte sich über die 1950er Jahre von der Gewinnmaximierung des Unternehmens über soziale Verantwortung bis hin zur Integration der Umweltverantwortung in einen holistischen Managementansatz (Loew et al. 2004, S. 12).

Bansal und Dyllick übernehmen diese Dreiteilung und bauen den Bezug zum unternehmerischen Handeln weiter aus. Bansal (2005, S. 199 f.) sieht „environmental quality", sie bezeichnet dies mit „environmental integrity", durch Umweltschutzmanagement umgesetzt. „Social justice" wird durch CSR-Maßnahmen abgedeckt, und das Ziel der „economic prosperity" wird durch Wertschöpfung erreicht. Dyllick und Hockerts (2002, S. 138) hingegen, die ebenfalls auf dieser Dreiteilung aufbauen, skizzieren nicht nur einen „Business Case", sondern auch einen „Natural Case" und einen „Societal Case", die sich gegenseitig begünstigen (siehe Abbildung 2) und sechs Kriterien berücksichtigen.

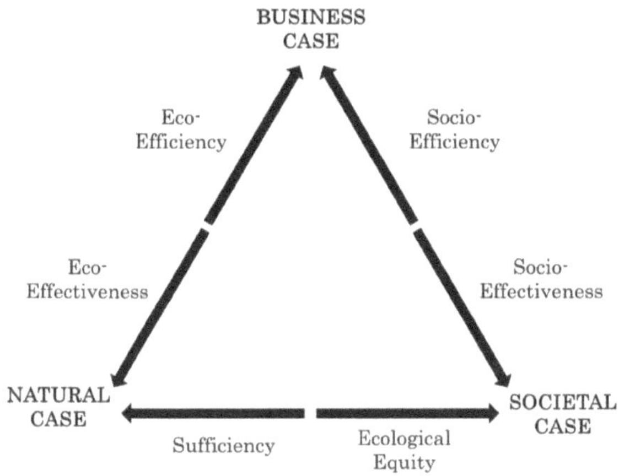

Abb. 2: Überblick über die sechs Kriterien der unternehmerischen Nachhaltigkeit (nach Dyllick und Hockerts 2002, S. 138)

Öko-Effizienz beschreibt dabei die Bedürfnisbefriedigung bei immer geringer werdendem Mitteleinsatz. Soziale Effizienz ist darum bemüht, Einflüsse auf die Gesellschaft positiv, zumindest jedoch minimal zu gestalten. Beide Kriterien haben finanzielle Auswirkungen auf das Unternehmen. Öko-Effektivität zielt auf die optimale Lösung zur Bedürfnisbefriedigung ab, während Suffizienz den Ressourceneinsatz im Allgemeinen reduzieren soll. Damit soll eine ökologische Verträglichkeit des Unternehmens gewährleistet werden. Soziale Effektivität beschreibt den absoluten Nutzen eines Unternehmens für die Gesellschaft, während ökologische Gerechtigkeit die inter- und intragenerationale Verteilung von Ressourcen berücksichtigt. Dadurch wird eine breite gesellschaftliche Akzeptanz des Unternehmens erreicht.

Diese sechs genannten Kriterien bieten Managern einen Ansatz, Nachhaltigkeit in ihrem Unternehmen zu verwirklichen. Nachfolgend wird ein kurzer Überblick über die Inhalte der drei „Cases" im Unternehmenskontext dargestellt.[14]

---

[14] Bezüge und Redundanzen zwischen den einzelnen „Cases" sind dabei nicht auszuschließen. So spielen ökonomische Belange häufig in ökologische und soziale Themenstellungen hinein, aber auch ökologische und soziale Themen können Schnittmengen aufweisen. Beispiele dazu bieten Lozano und Huisingh 2011.

Business Case: ökonomische Nachhaltigkeit

Die ökonomische Nachhaltigkeit wird mit dem Streben nach finanziellem Profit gleichgestellt. Dies findet mit einer deutlichen Abgrenzung zur Chrematistik statt, die den zum Selbstzweck betriebenen Tauschhandel zur Geldakkumulation beschreibt und bereits von Aristoteles angeprangert wurde (Ziegler 1998, S. 70). Schäfer (2009, S. 79) sieht ökologische und soziale Ziele als Meta-Ziele, die dem ökonomischen Ziel, der Maximierung des Shareholder-Value, dienen. Friedensnobelpreisträger Muhammad Yunus bestärkte hingegen in seiner Nobelpreisrede, dass Unternehmertum weiter gefasst werden muss als eindimensionale Profitschaffung (Yunus 2006). Durch eine reine ökonomische Betrachtung von Problemstellungen resultiert eine Aufteilung von Verantwortungen, die die Gesamtziele nicht mehr erkennen lassen (Stiglitz und Schmidt 2010, S. 209).

Dyllick und Hockerts definieren ökonomische Nachhaltigkeit wie folgt (2002, S. 133):

> „Economically sustainable companies guarantee at any time cashflow sufficient to ensure liquidity while producing a persistent above average[15] return to their shareholders."

Dabei gibt es unterschiedliche Ansätze, wie man ökonomische Nachhaltigkeit bewerten kann. So werden z. B. kurzfristige Gewinne häufig zu Lasten der Gesellschaft erzielt. Die Kosten des Verzichts auf diese Gewinne sollten als Investition in Vermögenswerte wie Glaubwürdigkeit, Vertrauen oder Integrität gewertet werden (Lin-Hi 2007, S. 102). Auch Genossenschaften, Kooperativen oder Social Entrepreneurships versuchen die ökonomische Nachhaltigkeit neu zu interpretieren (International Labour Organisation (ILO) 2012c; Seelos und Mair 2005, S. 244).

Eine Abkehr vom Shareholder- hin zum Kundenkapitalismus ist zu erkennen. Es gilt nicht mehr, die alleinigen Forderungen der Geldgeber zu erfüllen, sondern die Bedürfnisse des Kunden in den Mittelpunkt zu rücken (Martin 2010, S. 81). Dies soll eine Wertschöpfung, die auf Langfristigkeit ausgerichtet ist, fördern.

---

[15] Der Begriff „überdurchschnittlich" kann kritisch gesehen werden, da er von Dyllick und Hockerts 2002 nicht näher erläutert wird. Die Autorin versteht in dieser Arbeit darunter die im Unternehmen erwirtschaftete Rendite im Vergleich zu risikoarmen Anlagen auf dem Kapitalmarkt. Für Eigentümer eines Unternehmens (oder Anteilseigner an einem Unternehmen) muss ein Anreiz geschaffen werden, ihr Kapital in einem Unternehmen zu binden; dies geschieht durch potentiell höhere Erträge.

Natural Case: ökologische Nachhaltigkeit

Der Begriff der ökologischen Nachhaltigkeit bezieht sich auf alle Prinzipien, Strategien und Ansätze mit Bezug zur ökologischen Umwelt. Obwohl es bereits im 18. Jahrhundert Ansätze zur ökologischen Nachhaltigkeit gab (von Carlowitz 2000 [1713]) und Boulding (1966; Zahn 1973, S. 75–78) auf die ökologischen Grenzen des „Raumschiff Erde" hinwies, erreichte die Besorgnis um ökologische Belange 1972 ihren Höhepunkt mit dem Buch „Grenzen des Wachstums" des Club of Rome (Meadows 2000 [1972]). Dazu kam die Gründung der UNEP (2006) im selben Jahr, welche als globale Organisation für Umweltanliegen die ökologischen Veränderungen beobachten und ein Bewusstsein für umweltfreundliches Verhalten schaffen sollte.

Dyllick und Hockerts definieren ökologisch nachhaltige Unternehmen wie folgt (2002, S. 133):

> „Ecologically sustainable companies use only natural resources that are consumed at a rate below the natural reproduction, or at a rate below the development of substitutes. They do not cause emissions that accumulate in the environment at a rate beyond the capacity of the natural system to absorb and assimilate these emissions. Finally they do not engage in activity that degrades eco-system services."

Maßnahmen, um ökologische Nachhaltigkeit in Unternehmen zu erreichen, gibt es viele. Sie lassen sich in drei grundlegende Strategien einteilen (Dyckhoff und Souren 2008, S. 51):

- Suffizienz: Reduzierung der Bedürfnisse zur Umweltschonung z. B. längere Lebensdauer von Produkten, Wiederverwertung, Dematerialisierung (Glavič und Lukman 2007, S. 1876), Postwachstum/Degrowth (Paech 2009; Jackson 2009, S. 6–7),
- Konsistenz: Kompatibilität des menschlichen Verhaltens mit den Anforderungen des Ökosystems z. B. Industrielle Ökologie, Kreislaufprozesse, Recycling (Ehrenfeld 2004, S. 830),
- Effizienz: gleichbleibendes Nutzenniveau mit geringerer Umweltschädigung z. B. Nutzung erneuerbarer Energien (Schaltegger 1999, S. 13; Schaltegger und Sturm 1993, S. 194; Glavič und Lukman 2007, S. 1878; von Weizsäcker 2001), Decoupling (OECD Environment Programme 2002).

Je nach Ansatzpunkt (z. B. Abfallvermeidung vs. Abfallkontrolle) erscheinen Initiativen zum Umweltschutz finanziell unterschiedlich erfolgreich. Abfallvermeidung wird als besser erachtet, als das Managen von bereits entstandenem Abfall (Klassen und Whybark 1999, S. 602 f.). Intelligente Gesetzgebung für ökologische Nachhaltigkeit kann als Motor für Innovationen in der Wirtschaft dienen, hilft Wettbewerbsverzerrungen zu verhindern (Porter und van der Linde 1995, S. 98) und diese in Netzwerken mit Lieferanten, Kunden und Wettbewerbern umzusetzen (Friedman und Miles 2002, S. 338 f.). Obwohl effizienzsteigernde Maßnahmen populär sind und häufig kosteneinsparend wirken (Hart und Dowell 2011, S. 1472), werden diese gesamtwirtschaftlich kritisch gesehen. Effizienzsteigerungen führen zu Kostensenkungen am Produkt, die die Nachfrage und somit den Konsum steigen lassen (Schor 2005, S. 311). Dieser Effekt ist auch als Jevons Paradoxon oder Rebound-Effekt bekannt (Alcott 2005, S. 10–11; Jenkins et al. 2011, S. 55). Aus diesem Grund können reine Effizienzmaßnahmen keine Umweltentlastungen zur Folge haben, sondern müssen durch Konsistenz- oder Suffizienz-Maßnahmen, die auch auf ein verändertes Konsumverhalten abzielen, ergänzt werden.

Häufig wird die Unterscheidung zwischen Effizienz und Effektivität außer Acht gelassen (Schaltegger 1999, S. 14) und nur der finanzielle Mehrwert einer Maßnahme bewertet. Eine effizienzsteigernde Maßnahme wäre eine Kosteneinsparung durch weniger Materialinput, während eine Verbesserung der Effektivität durch optimierte Bedürfnisbefriedigung erzielt wird (Stahlmann und Clausen 1999, S. 20).[16]

Die Anzahl der Aktivitäten und die Beweggründe für ökologische Nachhaltigkeit sind je nach Unternehmen unterschiedlich. KMU erkennen an, dass sie Verantwortung übernehmen müssen. Neben finanziellen Interessen, gesetzlichen Vorgaben und Umweltsteuern ist auch das Gewinnen von neuen Kunden ein wichtiges Argument für Umweltmanagementmaßnahmen (Revell et al. 2010, S. 279).

Societal Case: soziale Nachhaltigkeit

Häufig werden unter dem Begriff Nachhaltigkeit nur ökologische Aspekte betrachtet (Littig und Grießler 2005, S. 66). Um den Ansprüchen als ganzheitliches Konzept gerecht zu werden, sind soziale Aspekte zwingend zu berücksichtigen (Pfeffer 2010, S. 43).

Dyllick und Hockerts definieren soziale Nachhaltigkeit wie folgt (2002, S. 134):

---

16 Nachfolgend ein Beispiel für Effizienz, Rebound-Effekt und Effektivität: Der Treibstoffverbrauch von Autos ist in den letzten Jahren gesunken, die Nutzung war somit effizienter. Die Autos wurden jedoch schwerer und mit elektronischen Komponenten ausgestattet, so dass ein Großteil des Effizienzgewinns nicht realisiert werden konnte (Rebound). Effektiv wäre jedoch die Betrachtung von alternativen Mobilitätskonzepten: Wenn der Unterhalt eines Autos im Schnitt 300 Euro/Monat kostet, kann damit ebenfalls ein Monatsticket des öffentlichen Nahverkehrs oder CarSharing bezahlt werden.

„Socially sustainable companies add value to the communities within which they operate by increasing the human capital of individual partners as well as furthering the societal capital of these communities. They manage social capital in such a way that stakeholders can understand its motivations and can broadly agree with the company's value system."

Unter Maßnahmen zur sozialen Nachhaltigkeit für Unternehmen werden häufig soziale Aspekte der CSR-Aktivitäten genannt, z. B. Erhalt und Schaffung von Arbeitsplätzen, aktive Kundenbetreuung, Aus- und Weiterbildungsmöglichkeiten, lokales Gesellschaftsengagement, Förderung der Vereinbarkeit von Familie und Beruf, Mitarbeiterbefragungen, zusätzliche soziale Leistungen für Mitarbeiter, Mäzenatentum, Sport- und Gesundheitsangebote für Mitarbeiter, Gründung einer gemeinnützigen Organisation usw. (Schäfer 2012, S. 11).

Die soziale Nachhaltigkeit wird mit CSR häufig synonym verwendet (Loew et al. 2004, S. 10). Abgrenzend zu sozialer Nachhaltigkeit ist CSR im deutschen Sprachgebrauch jedoch als freiwilliges, über gesetzliche Vorgaben hinausgehendes gesellschaftliches Unternehmensengagement im sozialen und/oder ökologischen Bereich zu verstehen (Schäfer 2007, S. 11 f.). Zudem wird CSR meist mit „sozialer Verantwortung" übersetzt (Loew et al. 2004, S. 26), ist aber nicht genau definiert und abgegrenzt (Schneider 2012, S. 25). Im englischen Sprachraum wird es als „gesellschaftliche Verantwortung" verstanden, die sowohl soziale als auch ökologische Belange miteinschließt (Leitschuh 2008, S. 47) und die Freiwilligkeit nicht voraussetzt (Aguinis und Glavas 2012, S. 952). Zudem spielt CSR in den USA eine größere Rolle, da dort der Sozialstaat weniger Funktionen als in Deutschland übernimmt, und Privatpersonen und Unternehmen viele Themen eigenverantwortlich lösen müssen. Dies erschwert zusätzlich eine einheitliche Definition von CSR auf nationaler und internationaler[17] Ebene (Freeman und Hasnaoui 2011, S. 439). CSR-Aktivitäten bringen z. T. Kritik mit sich, da der Verdacht aufkommt, dass CSR-Projekte dort ansetzen, wo die Geschäftstätigkeit der Unternehmen aufhört und das Kerngeschäft nicht betreffen, z. B. beim Sponsoring. Bei CSR stellt sich die Frage, wie das Geld verteilt wird; nachhaltiges Wirtschaften zielt darauf, wie die Gewinne erzielt worden sind (Leitschuh 2008, S. 46). Nachhaltiges Wirtschaften birgt daher das Potenzial, grundlegende Veränderungen in der Geschäftstätigkeit und eine strategische Neuausrichtung zu bewirken (ebd. S. 47). Einen ähnlichen Ansatz, „Shared Value" verfolgen Porter und Kramer (2011, S. 66), die ökonomische Wertschöpfung über Schaffung von Werten für die Gesellschaft definieren.

[17] Die ISO 26000, die CSR innerhalb von Unternehmen regelt, wird in Kapitel 2.1.4 näher erläutert.

Corporate Citizenship hingegen bezeichnet freiwillige Aktivitäten auf meist lokaler Ebene. CSR und soziale Nachhaltigkeit sind umfassender definiert (Loew et al. 2004, S. 45). Das Unternehmen wird als kollektiver Bürger gesehen (Wieland 2008, S. 90), dem es vorrangig um Beziehungspflege geht (Nährlich 2008, S. 195).

Während CSR und Nachhaltigkeit häufig gemeinsam genannt werden, wird Wirtschaftsethik separat betrachtet. Aguinis (2012, S. 953) erklärt dies damit, dass CSR auf unterschiedlichen Ebenen stattfindet, Ethik aber mit dem Individuum zusammenhängt. Das Zusammenspiel zwischen Individuum und Organisation ist dabei noch wenig erforscht (ebd. S. 953).

Compliance beinhaltet „die Übereinstimmung des unternehmerischen Geschäftsgebarens mit allen gesellschaftlichen Richtlinien und Wertvorstellungen, mit Moral und Ethik" (Quentmeier 2012, S. 13), und kann auch in der sozialen Dimension der Nachhaltigkeit verankert werden. Ein Missachten von gesellschaftlichen Richtlinien kann zudem zu schwerwiegenden finanziellen Folgen führen. Dabei gilt, dass eine freiwillige Offenlegung besser ist als eine erzwungene Transparenz (Cramer 2002, S. 99).

„In terms of corporate reputation, that makes the choice easy, because the worst of all worlds is to be made responsible, and still not be considered responsible" (Meyer und Kirby 2010, S. 43).

Die Berücksichtigung der einzelnen „Cases" – Business, Natural und Societal – soll zu „sustainable profits" (Cramer 2002, S. 99) führen. Um Nachhaltigkeit zu erreichen wird ein Wirtschaftssystem gefordert, das „nachhaltiges Unternehmertum"[18] (Tilley und Young 2009, S. 88), „Corporate Sustainability" (Young und Tilley 2006, S. 410) oder „Sustainable Management" (Loew et al. 2004, S. 13) ermöglicht. Diese Begriffe beschreiben ähnliche Sachverhalte wie die drei oben erwähnten „Cases" und die dazugehörigen sechs Kriterien (Abb. 2).

Nachhaltiges Unternehmertum wird durch die stärker werdende Marktmacht von Kunden und anderen Stakeholdern mittels neuer Kommunikationswege über das Internet und mobiler Kommunikation stärker eingefordert und baut auf nachhaltigen Geschäftspraktiken sowie Offenheit und Transparenz der Unternehmen (Meyer und Kirby 2010, S. 44). Jedoch gibt es noch weitere Beweggründe zum nachhaltigen Wirtschaften.

---

18 Im Original: Sustainable Entrepreneurship.

2.1.3. Motivation zum nachhaltigen Handeln für Unternehmen

Die Motivation zum nachhaltigen Handeln kann unterschiedlich begründet werden: intrinsische Motivation des Managers z. B. aus einer moralischen Verpflichtung heraus, monetäre Anreize oder Gesetzgebung.

Die Ausprägung der Motivation der Manager zum nachhaltigen Handeln ist unterschiedlich. Diese kann von amotivational bis hin zu intrinsisch in sechs Typen aufgeteilt werden (siehe Abb. 3).

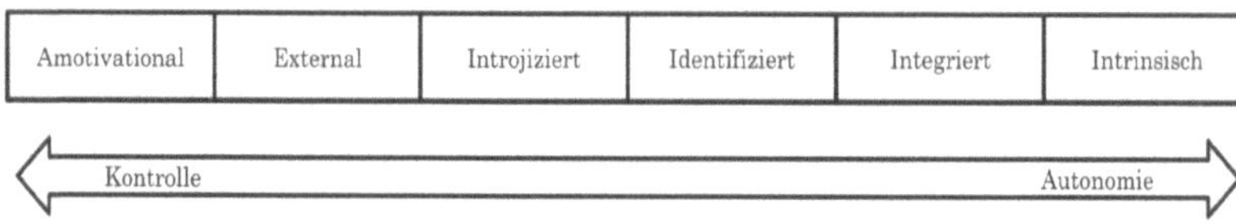

Abb. 3: Kontinuum der Motivationen für nachhaltiges Handeln (nach (Behringer und Meyer 2011, S. 23)

Unterscheidungsmerkmale sind das Ausmaß der Kontrolle und der Grad der Autonomie (Selbstbestimmung). Amotivationales Verhalten ist gekennzeichnet durch die Ignoranz von Regelungen oder gesellschaftlichen Trends, während intrinsisch motivierte Unternehmen nur noch für die Gesellschaft arbeiten, auch unter Inkaufnahme ökonomischer Nachteile. Die Zwischenstufen (external, introjiziert, identifiziert, integriert), die eine ausgewogene Mischung aus Kontrolle und Autonomie darstellen, können jedoch einen Beitrag dazu leisten, dass ein Unternehmen ökonomisch erfolgreich ist. Am erfolgversprechendsten erscheint eine identifizierte Motivation, bei der ein persönlich wichtiges Ziel verfolgt wird und sich das Individuum mit seiner Tätigkeit identifiziert (Behringer und Meyer 2011, S. 27).

Unternehmensaktivitäten zum Aufbau und Management von Vermögenswerten wie Integrität, Glaubwürdigkeit, Vertrauen und Sozialkapital haben das Ziel, die gesellschaftliche Legitimation von Unternehmen[19] zu erhalten. So wird Unternehmensverantwortung, die mehr als „gute Taten" einschließt, und gewinnorientiertes Verhalten nicht als bipolar gesehen (Lin-Hi 2007, S. 101).

Daraus ergibt sich ein neues Paradigma für Unternehmen, an dem sich die Aktivitäten der Unternehmer ausrichten sollten:

---

19 Im Original: Licence to Operate; diese Legitimation beinhaltet die gesellschaftliche Akzeptanz des Unternehmens. Eine fehlende Akzeptanz erschwert die Wertschöpfung und kann z. B. in Boykottaufrufen enden, vgl. Lin-Hi 2007.

> „The responsibility for maintaining the economic base, the impact on the environment and the social/cultural influence of products made by manufacturers require change of paradigms and objectives in manufacturing." (Jovane et al. 2009, S. 37)

Die bisher wichtigste Motivation zum nachhaltigen Wirtschaften in Unternehmen sind pekuniäre Vorteile. Der positive Zusammenhang zwischen ökologischer Nachhaltigkeit und Renditeverbesserung ist ausgiebig aufgezeigt worden. Nachgewiesen wurde dies mittels Umweltmanagementprogrammen, die Öko-Effizienzstrategien verfolgen (Al-Najjar und Anfimiadou 2012, S. 57) oder die generell Umweltverschmutzung reduzieren (Porter und van der Linde 1995, S. 105; Ambec und Lanoie 2008, S. 57). Der Zusammenhang zwischen sozialer Nachhaltigkeit und Rendite ist weniger ausgeprägt und meist indirekt. Jedoch zeigen Untersuchungen, dass die Auswirkungen auf die Rendite zumindest neutral, meist aber positiv sind. Soziale Nachhaltigkeit wird vor allem dann finanziell erfolgreich, wenn über die entsprechenden Bemühungen auch Marketing betrieben wird, um diese publik zu machen (Wagner 2010, S. 1558). Positive Auswirkungen können aber auch nicht-finanzieller Natur sein, wie z. B. gesteigerte Attraktivität für Investoren, verbesserte Produktqualität oder höhere Diversität in der Belegschaft. Diese werden einem aktiven Management der sozialen Nachhaltigkeit zugeschrieben (Aguinis und Glavas 2012, S. 940; Blomgren 2011, S. 272) und erhöhen langfristig die ökonomische Nachhaltigkeit.

Ansätze, eine „Corporate Sustainability Performance" zu messen, versuchen eine Verbindung zwischen Nachhaltigkeit und Erträgen zu schaffen (Wagner 2010, S. 1555). Bisherige Kennzahlensysteme scheitern an der Fixierung auf die ökonomische Dimension der Nachhaltigkeit, da die Messinstrumente zur Nachhaltigkeit häufig auf finanzielle Aspekte beschränkt sind (Hahn und Figge 2011, S. 342).[20]

Aber auch Kosten der Nachhaltigkeit sollen erfasst und monetär abgebildet werden. Bebbington und Gray (2001, S. 566 ff.) berechnen diese zum Beispiel mittels der „Sustainable Cost Calculation". Diese Kalkulation versucht, die zusätzlich anfallenden Kosten zu berechnen, die eine Organisation tragen müsste, wenn deren Aktivitäten das Ökosystem des Planeten innerhalb einer Abrechnungsperiode nicht verschlechtern sollte. Erschwerend kommt hinzu, dass die Integration von Messsystemen zur Erfassung von Kosten und Leistungen zur Nachhaltigkeit in Performance Measurement Systeme noch nicht ausgereift ist (Schröder 2011, S. 240). Ansätze dazu gibt es im Rahmen der „Ecological Allowance" (Reichel und Seeberg 2011, S. 82 ff.) oder der „Inclusive Notion of Corporate Profitability" (Hahn und Figge 2011, S. 333 ff.). Dabei

---

[20] Im Original: bounded instrumentality.

werden entweder fixe Grenzen bezüglich Umweltbelastungen gesetzt oder Opportunitätskosten in Bezug auf Umwelt- und Sozialkapital betrachtet. Diese scheitern aktuell an fehlenden Daten oder ungünstigen Gesetzgebungen und Rahmenbedingungen.

2.1.4. Umsetzung und Messung von unternehmerischer Nachhaltigkeit

Aus den unterschiedlichen Definitionen der Nachhaltigkeit und den vielfältigen Motivationen zur Nachhaltigkeit resultieren unterschiedliche Umsetzungsvarianten bezüglich Messung, Bewertung und Berichterstattung von Nachhaltigkeit. Die Unterkapitel sind, wenn möglich, in die Kategorien ökologisch, sozial und ökonomisch gegliedert.

<u>Regeln zur Messung von Nachhaltigkeit</u>

Die Operationalisierung der ökologischen Nachhaltigkeit ist im Vergleich zur sozialen Nachhaltigkeit einfach (Littig und Grießler 2005, S. 66). Daly (1990, S. 4) erstellte die ersten drei der nachfolgenden Regeln für ökologische Nachhaltigkeit, die durch Lison (2003) auf sechs Regeln erweitert wurden:

1.	Abbauregel	Die Nutzungsrate regenerierbarer Ressourcen darf die natürliche Regenerationsrate nicht übersteigen
2.	Assimilationsregel	Die Schadstoffabgabe darf die Assimilationskapazität des Ökosystems nicht übersteigen.
3.	Kompensationsregel	Die Nutzung nicht regenerierbarer Ressourcen muss durch den Aufbau regenerativer Ressourcen ausgeglichen werden (Regel 1). Den Ökosystemen nicht bekannte Rest- und Schadstoffe sind durch bekannte, d.h. abbaufähige zu ersetzen (Regel 2).
4.	Ästhetikregel	Artenvielfalt und Schönheit der Natur müssen erhalten werden.
5.	Zeitregel	Die Geschwindigkeiten ökonomischer Transformationsprozesse müssen sich den ökologischen anpassen.
6.	Wohlfahrtsregel	Der Verbrauch des natürlichen Kapitals muss durch eine entsprechende Erhöhung des künstlichen Kapitals ausgeglichen werden, um eine konstante Wohlfahrtssituation sicherzustellen.

Tab. 1: Regeln für ökologische Nachhaltigkeit (Lison 2003, S. 27)

Zwar ergibt sich immer wieder das Problem der Bewertung von Umweltgütern (Staehelin-Witt 1993, S. 219 ff.), jedoch sind hier in den letzten Jahren

Fortschritte (Rockström et al. 2009, S. 473) gemacht bzw. konkrete Bewertungsmethoden geschaffen worden (z. B. Emissionshandel).

Regeln zur Messung von sozialer Nachhaltigkeit sind schwerer zu definieren, da diese ethische Fragestellungen nach sozialer Gerechtigkeit aufwerfen (Littig und Grießler 2005, S. 70 ff.). Global werden dabei z. B. Gesundheit, Ausbildung oder Lebensstandard bewertet (United Nations 2012). Unternehmen nehmen Bezug auf Fragestellungen zu Menschenrechten, Arbeitspraktiken und Compliance (Global Reporting Initiative 2012). Während es für ökologische Bewertungen möglich ist, absolute Grenzen oder Ziele aus obenstehenden Regeln abzuleiten (z. B. 100 % Recyclingfähigkeit, Abholzung entspricht Aufforstung), sind die Erfüllungsgrade für soziale Nachhaltigkeit kaum festzulegen. Beispielsweise lässt die Frage „Was sind unwürdige Arbeitsbedingungen?" fließende Grenzen zu. Unter anderem resultiert daraus, dass die Gesetzgebung regional und kulturell unterschiedlich ist (z. B. Kündigungsschutzgesetze). Ebenso ist bisher kein Konsens über die Frage „Was sind Grundbedürfnisse?" erzielt worden (Littig und Grießler 2005, S. 71) oder wie diese gemessen werden können.

Ökonomische Nachhaltigkeit ist mit dem Nachweis eines adäquaten Mittelrückflusses aus der Geschäftstätigkeit zum Fortbestand des Unternehmens erreicht (Dyllick und Hockerts 2002, S. 133). Aber auch hier stellt sich die Frage nach der richtigen Obergrenze bzw. einer richtigen Größe, besonders in Relation mit externen, ökologischen Kosten (Reichel und Seeberg 2010, S. 4).

Kennzahlen

Aus oben genannten Regeln lassen sich diverse Kennzahlen mit verschiedenen Methoden zur Messung von ökologischer, sozialer und ökonomischer Nachhaltigkeit für Unternehmen, Märkte oder Industrien ableiten.[21] Unterkategorien für Kennzahlen gibt es für Produkte, Produktion, Mitarbeiter, Innovationen, Life Cycle Assessments (Hermann et al. 2007, S. 1788), Footprinting (Cerdan et al. 2009, S. 1639), Emissionen, Ressourcenverbrauch usw. (Singh et al. 2012, S. 288 ff.). Jedes Unternehmen muss jedoch Kennzahlen finden, die für ihr Produkt und ihre Produktion sinnvoll sind. Diese können Einzelaspekte, wie z.B. den CO_2-Ausstoss, aber auch aggregierte Faktoren, wie den „Ökologischen Fußabdruck" (Wackernagel 2002, S. 9266), beleuchten. Eine Auswahl an Kennzahlen geben z. B. Zertifizierungen, Leitlinien und Ratingagenturen.

[21] Aber es finden sich auch Unmengen an Kennzahlen für die Bewertung von Umweltzonen, Städte, Nationen, Gesellschaften, Lebensqualität, Energie usw. siehe auch Singh et al. 2012; Tanguay et al. 2010.

Zertifizierung/freiwillige Leitlinien

Die Nutzung der Indikatoren und die ordentliche Anwendung dieser kann über Zertifizierungen erwirkt und nachgewiesen werden. Auch diese können in die Säulen ökologisch, sozial und ökonomisch eingeordnet werden.

Ein Beispiel für ökologische Unternehmenszertifizierung ist die Umweltmanagementnorm ISO 14001, nach der knapp 6.000 Betriebe und Einrichtungen in Deutschland zertifiziert sind. Ergänzend dazu ist das EMAS (Eco-Management and Audit-Scheme) zu nennen, das alle Bestandteile der ISO 14001 beinhaltetet, aber im Gegensatz zur ISO 14001 nicht privatwirtschaftlich aufgestellt, sondern vom Europäischen Parlament erlassen wurde. Zudem verlangt die EMAS eine Umwelterklärung zur Darlegung besonderer Anstrengungen bezüglich Umweltleistungen vom zu zertifizierenden Unternehmen (Bundesministerium für Umwelt 2011, S. 104).

Die ISO 26000 ist in den Hauptbestandteilen eine Normierung für soziale Belange, die jedoch freiwillig und nicht zertifizierbar ist (International Organization for Standardization 2010). Dabei ist die ISO 26000 mit einem speziellen Augenmerk auf KMU konzipiert worden, eignet sich aber eher als Referenzdokument und nicht als Praxisleitfaden. Umsetzungen der ISO 26000 finden nur punktuell statt, bieten aber die Chance, Nachhaltigkeit systematischer zu betreiben (Walther und Schenkel 2011, S. 263). Eine Zertifizierung für soziale Nachhaltigkeit kann nach SA8000 der „Social Accountability International" (SAI) erworben werden. Der Schwerpunkt liegt auf der Verbesserung von Arbeitsbedingungen von Arbeitnehmern durch die Integration der wichtigsten ILO- und UN-Konventionen (Social Accountability International 2008, S. 4). Ein Business Code[22] ist eine freiwillige Leitlinie von Unternehmen, in der die Verantwortlichkeit der Unternehmung gegenüber ihren Stakeholdern und/oder die Erwartungen des Unternehmens an die Mitarbeiter definiert werden. Von den weltweit 200 größten Unternehmen haben 52,5 % einen Business Code (Kaptein 2004, S. 26). Diese können sowohl unternehmensintern als auch -extern Anwendung finden. Der inhaltliche Fokus liegt in erster Linie auf sozialen Fragestellungen. Trotzdem findet in einigen Business Codes, verstärkt bei europäischen Unternehmen, auch die Umwelt als Stakeholder Gehör. Ob diese sinnvoll sind, kann positiv beantwortet werden, da sie helfen, unklare Situationen zu klären, Ratschläge zu erteilen, Verhalten zu bestätigen, vor Nicht-Compliance zu warnen, herauszufordern, Stakeholder zu überzeugen, Vorgesetzte und Autoritäten einzubeziehen oder Compliance zu

[22] Diese werden auch Code of Conduct, Corporate Code, Integrity Code, Value Statements, Stakeholder Statutes oder Business Principles genannt, vgl. Kaptein 2004.

erwirken (Schwartz 2001, S. 254). Sobald sich für ein Individuum eine ungeklärte moralische Fragestellung ergibt, verhilft ein Code zum akzeptableren Verhalten und vermeidet Unsicherheit. Bei freiwilligen Leitlinien ist jedoch eine Überprüfung der Einhaltung von Dritten kaum möglich und das Risiko von „Green Washing"[23] ist gegeben (Ramus 2005, S. 408). Zusätzlich gilt soziale Nachhaltigkeit immer mehr als Notwendigkeit für das Geschäftsgebaren im 21. Jahrhundert (Blomgren 2011, S. 272).

Eine ökonomische Zertifizierung resultiert aus der Buchführungs- (§238 HGB[24]) und Bilanzierungspflicht (§ 242 Abs. 4 HGB). Der Jahresabschluss von Unternehmen wird von externen Wirtschaftsprüfern auf die Grundsätze ordentlicher Buchführung, je nach Unternehmensgröße aber auch auf Rechnungslegungsstandards wie z. B. IFRS oder US-GAAP[25] geprüft.

Berichterstattung

Diese Kennzahlen und Zertifizierungen fließen meist in eine Berichterstattung ein. Ein bekanntes und verbreitetes Regelwerk zur Berichterstattung wird von der Global Reporting Initiative (GRI) zur Verfügung gestellt (2012). Die Global Reporting Initiative entstand 1997 aus der Coalition for Environmentally Responsible Economics und inkludiert u. a. auch die 10 Prinzipien des Global Compact der Vereinten Nationen. 2002 wurde die GRI in eine selbständige, unabhängige, international agierende Organisation überführt. Stakeholder sind u. a. das Umweltprogramm der Vereinten Nationen. Die freiwillige Zusammenarbeit der Interessengruppen mündete in der Entwicklung von ökonomischen, ökologischen und sozialen Indikatoren, die in einem Bericht zusammengeführt werden (Schäfer et al. 2011, S. 468). 2011 haben über 1100 europäische Organisationen einen Bericht auf der Homepage der GRI veröffentlicht. 116 Berichte stammen dabei aus Deutschland (Global Reporting Initiative 2012).[26]

In der GRI-Richtlinie werden Indikatoren in „ökonomische Leistungsindikatoren", „ökologische Leistungsindikatoren", „Arbeitspraktiken und menschenwürdige Beschäftigung", „Menschenrechtsleistungsindikatoren", „gesellschaftliche und soziale Leistungsindikatoren" und „Leistungsindikatoren zur Produktverantwortung" gegliedert. Die GRI-Richtlinie umfasst in ihrer aktuellen Version (GRI G3) 49 Kernkennzahlen und 30 zusätzliche Kennzahlen.

---

23 Green Washing bezeichnet das Vorspielen eines ökologischen Images.

24 Alle Angaben beziehen sich auf das deutsche HGB.

25 IFRS = International Financial Reporting Standards; US-GAAP = United States General Accepted Accounting Principles,

26 Stand: 22.Aug. 2012.

Eine Alternative zur Berichterstattung nach der GRI ist z. B. die Sustainability Balanced Score Card (Möller und Schaltegger 2005, S. 81 f.), aber auch selbst entwickelte Lösungen werden angewendet.

Dabei findet Nachhaltigkeitsberichterstattung nicht nur in großen Unternehmen statt, sondern vermehrt auch in KMU (IÖW/future 2011, S. 11).[27] Bemerkenswert dabei ist, dass KMU keiner Berichtspflicht im Sinne eines Lageberichtes wie mittelgroße und große Unternehmen (HGB §289) unterliegen, sondern ihre Kennzahlen freiwillig veröffentlichen und Schwerpunkte eigenverantwortlich setzen. Ein Problem stellt dabei die systematische Erfassung von Nachhaltigkeitskennzahlen dar. Zwar gibt es Softwarelösungen, die die Unternehmen dabei unterstützten können, jedoch sind diese in KMU selten anzutreffen (Leyh et al. 2011, S. 284).

Zudem bestätigt die Studie des IÖW[28] (IÖW/future 2012, S. 21) die Aussage, dass Unternehmen mit höherer Endkundennähe und Markenunternehmen besser in ihrer Nachhaltigkeitsberichterstattung sind als Unternehmen, die am Anfang der Supply Chain stehen (Haddock-Fraser und Tourelle 2010, S. 538). Die Veröffentlichung eines solchen Berichtes geschieht auf rein freiwilliger Basis. Ökologische oder soziale Faktoren müssen nur im Rahmen eines Lageberichts bei mittelgroßen und großen Kapitalgesellschaften dargestellt werden, um ein den „tatsächlichen Verhältnissen entsprechendes Bild" (HGB §289 Abs. 1) zu vermitteln (Jasch 2012, S. 507).

Die ökonomische Berichterstattung in Form von Handels- bzw. Steuerbilanzen und Geschäftsberichten ist über die Gesetzgebung geregelt. Dabei gilt für Kapitalgesellschaften eine Offenlegungspflicht (§325 HGB). Der Umfang der Offenlegung ist jedoch von der Größe des Unternehmens abhängig. Vor einigen Jahren war zudem eine separate Berichterstattung (ökonomisch vs. ökologisch/sozial) gängig, inzwischen wird diese zunehmend integrierter (Lozano und Huisingh 2011; IÖW/future 2012, S. 6; Gastinger und Gaggl 2012, S. 254). Dabei sollte aber immer im Auge behalten werden, dass ein Bericht alleine noch nichts über die tatsächliche Nachhaltigkeitsperformance aussagt (Zahrnt 2009, S. 29).

---

27 Die Größenbeschränkung für KMU lag in der Untersuchung des IÖW jedoch bei Unternehmen bis 5.000 Mitarbeitern, eine eigene Kategorie für Unternehmen mit weniger als 250 Mitarbeitern wurde aber gebildet.

28 Institut für ökologische Wirtschaftsforschung.

Ratings

Die Offenlegung von Kennzahlen innerhalb des Berichtswesens wird von nationalen und internationalen Institutionen genutzt, um die Nachhaltigkeitsperformance einzelner Unternehmen zu bewerten.[29] Diese finden sich in Ratings, wie z. B. dem Dow Jones Sustainability Index (Dow Jones Sustainability Index 2012), dem Ranking des IÖW (IÖW/future 2012) oder dem Carbon Disclosure Projekt (Carbon Disclosure Project 2011) wieder. Dabei werden unterschiedliche Kriterien, Auswertungsmethoden und Einschränkungen zur Bewertung der Unternehmen angesetzt. Deswegen kann, je nach Auswahl der Bewertungskriterien, ein Unternehmen auf dem ersten oder letzten Platz eines Rankings stehen (Delmas und Blass 2010, S. 256). Die Bewertungen bzw. die Ratings der Nachhaltigkeitsperformance können in drei Kategorien eingeteilt werden:

1. tatsächlicher Einfluss des Unternehmens auf die Umwelt,
2. Grad der Compliance und
3. Qualität des Managementsystems und des Berichtwesens.

Es kann davon ausgegangen werden, dass Unternehmen, die die Umwelt stärker mit Emissionen und Abfällen belasten, ein besseres Reporting vorzuweisen haben als weniger umweltbelastende Unternehmen, da diese stärker im Fokus der Öffentlichkeit stehen (Delmas und Blass 2010, S. 256). So konnte z. B. ein Unternehmen wie BP trotz negativem Einfluss auf die Umwelt Bestnoten für das Berichtswesen erhalten und deshalb in den Dow Jones Sustainability Index aufgenommen werden. Dieser Index erhebt den Anspruch, nur die weltweit führenden Unternehmen in Bezug auf Nachhaltigkeit zu beinhalten. Erst die Umweltkatastrophe um die Deepwater Horizon Bohrplattform im Golf von Mexiko konnte diese Fehleinschätzung, BP als Vorreiter für Nachhaltigkeit zu sehen, revidieren (Rickens 2010).

Wenn KMU Nachhaltigkeitsberichte veröffentlichen und diese mit anderen Unternehmen verglichen werden, findet dies meist in einem lokalen Rahmen statt, wie z. B. dem Ranking der Nachhaltigkeitsberichte vom IÖW (IÖW/future 2012). Unternehmen mit weniger als 250 Mitarbeitern schneiden dabei besser ab als die größeren Vergleichsunternehmen von bis zu 5000 Mitarbeitern. (IÖW/future 2012, S. 21).

---

[29] Dabei fragen Institute in manchen Fällen auch direkt bei Unternehmen diverse Kennzahlen ab, um ihr Rating erstellen zu können vgl. dazu Carbon Disclosure Project 2011.

Zwischenfazit

Konzepte der Nachhaltigkeit werden interdisziplinär diskutiert (Lam et al. 2012), international (United Nations Conference on Environment and Development 1992) bis lokal (Glavič und Lukman 2007, S. 1884) verwendet und werfen makro- (Seidl und Zahrnt 2010) bzw. mikroökonomische (Carrington et al. 2010) Fragestellungen auf. Ein gemeinsames theoretisches Konstrukt für Nachhaltigkeit wird sich erst noch etablieren müssen (Lam et al. 2012). Je nach Anwendungsgebiet - Politik, Wissenschaft oder Wirtschaft - muss eine eigene Definition für Nachhaltigkeit gefunden werden. Daraus ergibt sich eine hohe Kontextabhängigkeit des Nachhaltigkeitsbegriffs. Die Motivation für Unternehmen zum nachhaltigen Handeln stellt eine Schnittmenge aus intrinsischer Motivation, monetären Anreizen und Gesetzgebung dar. Unternehmen können zudem Nachhaltigkeit vielfältig messen. Dazu werden unterschiedliche Kennzahlen- und Berichtssysteme verwertet und angewendet. Die Schwierigkeit liegt dabei nicht nur in der Messung von Nachhaltigkeit, sondern auch in der Diversität der Verwendung von Nachhaltigkeitskennzahlen und -berichten. Im Unternehmenskontext steigert jede Erweiterung des Nachhaltigkeitsbegriffes die Anforderungen an Manager und macht die Strategie- und Entscheidungsfindung komplexer. Damit Nachhaltigkeit in dieser Arbeit weiter eingegrenzt werden kann, wird im folgenden Kapitel das Erkenntnisobjekt näher beschrieben. Dabei wird das Untersuchungsobjekt „Unternehmen“ schrittweise eingegrenzt.

2.2. Unternehmen

2.2.1. Unternehmen als Erkenntnisobjekt in der Wissenschaft

Unternehmen sind ein wichtiger Bestandteil des Wirtschaftskreislaufes. Je nach Theorie werden Unternehmen unterschiedlich begründet. Nachfolgend eine Auswahl von Theorien, die mit der Stakeholdertheorie (ST) vereinbar erscheinen: die Teiltheorien der neuen Institutionenökonomik, der Resource-Based-View, der Market-Based-View, das Stuttgarter Unternehmensmodell und die Theorie des kollektiven Handelns nach Olson.[30]

Die neue Institutionenökonomik wurde durch Coase (1937) begründet. Er sah ein Unternehmen als ein „System von Beziehungen“ (ebd. S. 363), in dem die

[30] Die Liste der Theorien wäre z. B. durch die Evolutionstheorie, Entscheidungstheorie, Verhaltenstheorie usw. noch erweiterbar, werden jedoch im weiteren Verlauf dieser Arbeit nicht aufgegriffen. Eine erweiterte Betrachtung zur Vereinbarkeit der Stakeholdertheorie mit anderen Theorie findet sich in Freeman 2010, S. 12 ff.

Anzahl von Verträgen reduziert wird. Aus seinen Betrachtungen heraus entwickelten sich die Transaktionskostentheorie, die Principal-Agent-Theorie und die Verfügungsrechte-Theorie (Dillerup und Stoi 2006, S. 13 f.). Dabei wird in der Transaktionskostentheorie beleuchtet, wie Effizienzsteigerungen durch Verträge zustande kommen, um Abläufe zur Produktion von Kollektivgütern zu optimieren. Die Principal-Agent-Theorie rückt institutionelle Auftragsbeziehungen zwischen Auftragnehmer und Auftraggeber in den Mittelpunkt und erklärt damit optimierte Arbeitsteilungen und -zuweisungen. Ein Unternehmen wird somit zum Nexus für Vertragsbeziehungen (Jensen und Meckling 1976, S. 310 f.). Die Verfügungsrechtetheorie überträgt Akteuren Handlungs- und Verfügungsrechte mittels Verträgen und regelt die Nutzung von begrenzten Gütern (Blöchliger und Staehelin-Witt 1993, S. 37 ff.). Abläufe werden effizienter innerhalb eines Unternehmens in hierarchischen Strukturen gestaltet als es im freien Markt möglich wäre. Die resultierende Kostenreduktion begründet die Existenz von Unternehmen.

Der ressourcenorientierte Ansatz (im Weiteren Resource-Based-View bzw. RBV genannt) sieht den Zweck eines Unternehmens in der Bündelung von Ressourcen (Lockett 2005, S. 85) zum Erreichen eines optimalen „Fit" zwischen Produkt und Markt, um daraus eine hohe Rentabilität für das Unternehmen zu erwirtschaften (Wernerfelt 1984, S. 171). Als Ressource wird dabei alles definiert, was eine Stärke oder Schwäche für das Unternehmen darstellt. Dazu können auch Kompetenzen, bzw. dynamische Fähigkeiten (Teece et al. 1997, S. 515) oder die natürliche Umwelt (Hart 1995, S. 991 ff.) zählen. Ricardo-Renten werden durch begrenzte Ressourcen, Schumpeter-Renten durch Fähigkeiten und Kompetenzen möglich. Unternehmen werden somit zu Ressourcen- und Kompetenzbündlern.

Im Gegensatz dazu untersucht der Market-Based-View (MBV)[31] die Wechselwirkung von Unternehmen und Markt in Abhängigkeit von deren Größen-, Anbieter- und Wettbewerbsstruktur (Porter 1980, S. 3 ff.). Rationale Entscheidungen, z. B. untersucht mittels spieltheoretischer Ansätze (Brandenburger und Nalebuff 2008, S. 73 ff.; Dixit und Nalebuff 1997, S. 217 ff.), führen zu verbesserten Marktpositionen, die Monopol-Renten ermöglichen. Das Unternehmen, das als Black Box betrachtet wird (Knippenberg und de Jong 2010, S. 25), soll mit seinem Produkt Kosten- oder Qualitätsführerschaft erlangen (Porter 1980, S. 35 ff.).

Diese Theorien sehen im Mittelpunkt das Erwirtschaften von Renten. Eine Erweiterung der Zielsetzung (Profitgenerierung) um Nachhaltigkeitsaspekte ist nur bedingt möglich. Nachhaltige Zielsetzungen müssen in diesen Theorien

---

31 Diese wird manchmal auch Industry-Structure-View genannt, vgl. Dyer und Singh 1998.

entweder pekuniär abbildbar sein oder als Grundbedingung, z. B. durch gesellschaftliche oder gesetzliche Vorgaben, vorherrschen (Porter und van der Linde 1995, S. 98).

Aus systemtheoretischer Betrachtungsweise[32] werden Unternehmen mittels Elementen beschrieben, die untereinander in Beziehung stehen und innerhalb einer Umwelt agieren (Dillerup und Stoi 2006, S. 22 ff.). An diese Sichtweise lehnt sich das Stuttgarter Unternehmensmodell (SUM) an. Innerhalb von sogenannten Leistungseinheiten finden Transformationsprozesse statt, die durch Input- und Outputfaktoren einzelne Systemelemente miteinander verbinden. Dabei sind Leistungseinheiten, wie z. B. eine Fertigungszelle oder auch ein Fabrik, in der Lage sich selbst zu koordinieren, konfigurieren, optimieren und steuern. Durch Kooperation, Offenheit und Veränderbarkeit werden komplexe Aufgaben gelöst (Westkämper 2006, S. 51 ff.; Westkämper und Zahn 2009, S. 47 ff.). Unternehmen werden daher als komplexe sozio-technische Systeme verstanden mit dem Ziel der Komplexitätsbeherrschung (Dillerup und Stoi 2006, S. 27), z. B. durch hohe Flexibilität und Wandlungsfähigkeit (Westkämper und Zahn 2009, S. 271). Durch die Regelung und Lenkung von Kreisläufen werden Störgrößen im System und auf das System verarbeitet. Dies hilft, den vordefinierten Zweck des Systems zu erfüllen bzw. das System zu erhalten. Im Falle von Unternehmen kann der Zweck Gewinnerzielung bzw. Fortbestehen sein.

In einer weiteren Theorie beschreibt Olson (2004) Organisationen bzw. Unternehmen. Gruppen von Individuen gründen Organisationen, um gemeinsame Handlungen vornehmen zu können. Eine Organisation entsteht nicht zur Ressourcenbündelung oder zur Kostenoptimierung, sondern zum Zwecke der „Förderung der Interessen ihrer Mitglieder" (ebd. S. 4). Im Weiteren führt er aus, dass es hierbei hauptsächlich um die „gemeinsamen Interessen" der Organisationsmitglieder geht und grenzt diese von den individuellen Interessen der Gruppenmitglieder ab. Gemeinsame Interessen der Gruppe führen zur Bereitstellung von Kollektivgütern, die ein Individuum nicht hätte bereitstellen können. Kollektivgüter sind somit „[...] die charakteristischen Leistungen einer Organisation; denn gewöhnliche Individualgüter können immer durch individuelles Handeln beschafft werden, und nur, wo es um gemeinsame Zwecke oder Kollektivgüter geht, ist Organisations- oder Gruppenhandeln unerlässlich" (ebd. S. 15).[33] Dies unterstützt auch Mintzberg (2009, S. 140), der

---

32 Die Systemtheorie aus soziologischer Sicht wird in dieser Arbeit nicht weiter betrachtet, zur weiteren Lektüre vgl. Luhmann 2004, Krieger 1996.

33 Ähnlich sieht dies Kohr 2002, der den Zweck wirtschaftlicher Aktivität und somit den von Unternehmen wie folgt definiert: „[...], denn der Zweck der wirtschaftlichen Aktivität ist nicht der Anstieg der Produktion, sondern die Befriedigung der menschlichen Bedürfnisse" (ebd. S. 204). Sobald die Wirtschaftswissenschaft verlassen wird, werden

Unternehmen als Gemeinden[34] beschreibt, in der sich Arbeitnehmer als verantwortungsvolle Bürger innerhalb des Unternehmens sehen.

Die oben genannten Theorien zu Unternehmen können in die Stakeholdertheorie (ST) eingebettet werden. Leistungseinheiten, Organisationen, Gruppen oder Gemeinden können z. T. synonym für Stakeholder stehen. Zusätzlich sieht Freeman (1984) „Wirtschaften" und „Ethik" als unzertrennlich an. Weitere Ausführungen zur ST werden in Kapitel 3.1. erörtert.

Abhebend von diesen Theorien definiert die EU (Europäische Union 2003) ein Unternehmen sehr eng:

> „Als Unternehmen gilt jede Einheit, unabhängig von ihrer Rechtsform, die eine wirtschaftliche Tätigkeit ausübt. Dazu gehören insbesondere auch jene Einheiten, die eine handwerkliche Tätigkeit oder andere Tätigkeiten als Einpersonen- oder Familienbetriebe ausüben sowie Personengesellschaften oder Vereinigungen, die regelmäßig einer wirtschaftlichen Tätigkeit nachgehen."

Diese Definition schließt viele Arten von Unternehmen ein und lässt sie homogen erscheinen. Diese Gleichgestaltigkeit bzw. Isomorphie in Strukturen und Prozessen der Unternehmen wird durch drei Mechanismen verstärkt (DiMaggio und Powell 1983, S. 150):

- durch externen Zwang, z. B. Gesetzgebung und kulturelle Erwartungen,
- durch Nachahmung, z. B. Standardantworten auf komplexe Vorgänge,
- durch Professionalisierung, z. B. gleichartige Ausbildung und Verwendung von gemeinsamen Methoden.

Definitionen spiegeln jedoch nur bedingt die Heterogenität von Unternehmen wider. Unterscheidungen gibt es dabei in Rechtsform, Größe, Kundengruppe, Branche, Alter etc. Diese Kriterien haben jedoch einen entscheidenden Einfluss auf die Fähigkeiten eines Unternehmens und dessen Strategiefindung. So spielt die Rechtsform z. B. eine wichtige Rolle in der Vermögenshaftung des Eigentümers und kann somit das Risikoverhalten bei Investitionen beeinflussen. Deshalb wurden in der vorliegenden Untersuchung nur Kapitalgesellschaften (GmbHs und AGs) berücksichtigt. Zudem wurden nur Unternehmen ausgewählt, die ihren Verwaltungssitz in Deutschland haben, um unterschiedliche nationale Gesetzgebungen und Kulturkreise ausschließen zu können.

---

die Aufgaben von Organisationen und damit von Unternehmen breiter gedeutet, vgl. dazu Koza und Thoenig 2003.

34 Im Original: Communities.

Um das Feld der befragten Unternehmen noch homogener zu gestalten, wurden folgende weitere Einschränkungen vorgenommen (siehe Abb. 4): Privatwirtschaftliche Unternehmen im produzierenden Gewerbe, die vorwiegend Business-to-Business-Beziehungen (B2B) pflegen. Abschließend wird ein besonderes Augenmerk auf KMU gelegt.

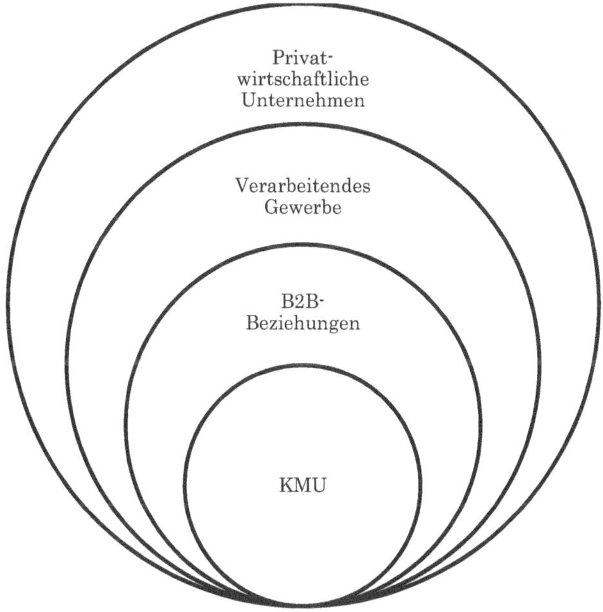

Abb. 4: Eingrenzung Untersuchungsobjekt (eigene Darstellung)

2.2.2. Privatwirtschaftliche Unternehmen

Bea und Schweitzer definieren ein Unternehmen wie folgt (2009, S. 29):

> „Ein Unternehmen ist eine ökonomische, technische, soziale und umweltbezogene Einheit mit der Aufgabe der Fremdbedarfsdeckung, mit selbständigen Entscheidungen und Risiken."

Haushalte, im Gegensatz dazu, nutzen Güter zum Eigenbedarf. Unternehmen können weiter untergliedert werden in private Unternehmen, bei denen die

Anteilseigner private Personen oder private Gesellschaften[35] sind, und in öffentliche Unternehmen, deren Anteilseigner überwiegend die öffentliche Hand ist.

In Diskussionen um Nachhaltigkeit spielen Non-Governmental-Organisations bzw. Nicht-Regierungsorganisationen (NGOs) eine wichtige Rolle. Dabei kann die Grenze zwischen Unternehmen und NGO in der Öffentlichkeit verschwimmen, wenn sogenannte „operational NGOs" sich an der Entwicklung und Implementierung von Projekten, besonders in Entwicklungsländern, beteiligen (World Bank 1998). Diese wirtschaften im Gegensatz zu Unternehmen nicht profitorientiert und finanzieren sich meist mittels Spenden und freiwilliger Beteiligung (Malena 1995, S. 13 f.). Aus diesem Grund werden NGOs für die vorliegende Untersuchung nicht berücksichtigt.

Eine Sonderform von Unternehmen sind Sozialunternehmen.[36] Diese lassen ihre Gewinne komplett in das Unternehmen zurückfließen, um die Qualität des Produkts oder der Dienstleistung kontinuierlich zum Wohl der Gesellschaft zu verbessern (Yunus 2006). Dabei steht in erster Linie die Behebung von sozialen oder gesellschaftlichen Missständen im Mittelpunkt. Kernthema ist die Autonomie des „Social Enterprises", um ein klar definiertes Ziel für alle beteiligten Stakeholder zu erreichen (Defourny und Nyssens 2006, S. 5). Im weiteren Sinne können dazu auch Genossenschaften gezählt werden. Beispiele für solche Organisationen sind z. B. die Grameen-Bank von Mohammad Yunus (Grameen Bank) oder die Organisationen aus dem Ashoka-Netzwerk (Ashoka Germany 2012). Diese können unter Umständen als gemeinnützige Organisationen eingetragen sein (AO §52) und genießen dadurch Steuervorteile (KStG § 5 Abs. 1 Ziffer 9). Somit stellen Social Entrepreneurships eine Sonderform des Wirtschaftens dar und werden in der vorliegenden Untersuchung exkludiert.

Zudem werden in dieser Untersuchung nur etablierte Unternehmen betrachtet, da Start-Ups nach anderen Regeln und Gesetzmäßigkeiten agieren (Baumol 2008, S. 576 f.). Sie wurden den Zwängen der Isomorphie bisher kaum ausgesetzt und erscheinen deswegen variantenreicher (DiMaggio und Powell 1983, S. 149). Ebenso unterscheiden sich die psychologischen Charakteristika von Entrepreneuren (i. S. v. Unternehmensgründern), Eigentümern von etablierten kleinen Unternehmen und Konzernmanagern (Stewart, Jr. et al. 1999, S. 203 f.).

---

35 Diese können auch Stiftungen sein, vgl. Fleschutz 2008.

36 Diese werden auch Social Entrepreneurships genannt.

Aus diesen Gründen wird die Auswahl der Untersuchungsobjekte zunächst auf privatwirtschaftliche, profitorientierte, etablierte Unternehmen eingegrenzt, um die Varianz der Untersuchungsobjekte gering zu halten.

2.2.3. Verarbeitendes Gewerbe

Private Unternehmen können weiter in Sachleistungs- und Dienstleistungsunternehmen gegliedert werden. Sachleistungen bzw. materielle Realgüter sind körperliche, bewegliche und unbewegliche Güter. Hierbei kann es sich um Gewinnungs-, Aufbereitungs-, Verarbeitungs-, Weiterverarbeitungs- oder Wiedergewinnungsunternehmen handeln (Bea und Schweitzer 2009, S. 34-25). Eine genauere Unterteilung von Unternehmen[37] nimmt das Statistische Bundesamt (SBA) vor. Dieses ordnet Unternehmen verschiedenen Wirtschaftssektoren zu:

	Sektor	**Anzahl Unterneh-men**	**Anzahl Beschäftigte**
B	Bergbau und Gewinnung von Steinen und Erden	2.531	70.541
C	Verarbeitendes Gewerbe	269.174	6.738.712
D	Energieversorgung	23.450	243.708
E	Wasserversorgung [...]	13.596	234.557
F	Baugewerbe	386.539	1.473.405
G	Handel; Instandhaltung [...] Kfz	727.536	4.078.978
H	Verkehr und Lagerei	128.810	1.381.487
I	Gastgewerbe	265.849	780.728
J	Information und Kommunikation	135.063	857.183
K	Erbringung von Finanz- und Versicherungsdienstl.	69.859	1.019.051
L	Grundstücks- und Wohnungswesen	306.176	229.453

[37] Unternehmen/Betrieb im Sinne SBA: Ein Unternehmen wird in der amtlichen Statistik als kleinste rechtlich selbstständige Einheit definiert, die aus handels- bzw. steuerrechtlichen Gründen Bücher führt und eine jährliche Feststellung des Vermögensbestandes bzw. des Erfolgs der wirtschaftlichen Tätigkeit vornehmen muss. Das Unternehmen umfasst alle Betriebe und schließt freiberuflich Tätige mit ein. Ein Betrieb ist eine Niederlassung an einem bestimmten Ort. Zu dem Betrieb zählen zusätzlich örtlich und organisatorisch angegliederte Betriebsteile. Im Betrieb muss mindestens ein Beschäftigter im Auftrag des Unternehmens arbeiten. Statistisches Bundesamt 2011, S. 487–488.

M	Erbringung von freiberufl. wissenschaftl. u. techn. DL	483.807	1.459.547
N	Erbringung von sonstigen wirtschaftlichen Dienstl.	168.817	1.639.353
P	Erziehung und Unterricht	71.979	840.673
Q	Gesundheits- und Sozialwesen	233.164	3.222.861
R	Kunst, Unterhaltung und Erholung	104.664	203.597
S	Erbringung von sonstigen Dienstleistungen	245.481	876.724
	Summe	3.636.495	25.350.558

Tab. 2: Unternehmen nach Sektor mit Anzahl der Beschäftigten (Statistisches Bundesamt 2011, S. 490)

Die Abschnitte B bis F umfassen das „produzierende Gewerbe". Für die vorliegende Untersuchung wurden nur Unternehmen aus Wirtschaftsabschnitt C „verarbeitendes Gewerbe" gewählt. Diese haben einen Anteil von 7,4 % an allen Unternehmen in Deutschland. Zudem ist er der beschäftigungsstärkste, da ca. 26 % aller sozialversicherungspflichtig Beschäftigten in diesem Wirtschaftsabschnitt arbeiten (Statistisches Bundesamt 2011, S. 490). Bergbau und Wasserversorgung sind nur mit einem kleinen Anteil in Deutschland vertreten (0,06 % bzw. 0,37 % der Unternehmen sind in diesem Bereich tätig) und werden in dieser Arbeit nicht berücksichtigt.

Energieversorgung findet in sehr reguliertem Rahmen statt und wird stark von aktueller Gesetzgebung (Energiewende) beeinflusst. Untersuchungen, welche die ökologischen Auswirkungen zu erneuerbaren Energien, Atomkraft oder aus fossilen Energieträgern bewerten, sind an anderer Stelle verfügbar.[38] Das Baugewerbe stellt zwar mehr Unternehmen als das „verarbeitende Gewerbe" (10,6 %), beschäftigt allerdings nur knapp 6 % der in Deutschland sozialversicherungspflichtig Beschäftigten.

Die Abschnitte G bis S können dem tertiären Sektor, dem sogenannten Dienstleistungssektor, zugerechnet werden. Dienstleistungen können zunächst als Industrie mit geringem ökologischem Fußabdruck eingestuft werden (bezogen auf Umweltbelastung pro umgesetzter Geldeinheit). Jedoch spielt hierbei die Supply Chain eine wichtige Rolle und Umweltbelastungen sind somit indirekt im Endprodukt enthalten (Rosenblum et al. 2000, S. 4675). Da Vorleistungen zur Leistungserstellung, also materielle Realgüter, aus dem

[38] Siehe dazu Veröffentlichungen in Energy and Environment Research, Energy & Environmental Science, Energy & Environment, Energy for Sustainable Development, Journal of Sustainable Energy, Resource and Energy Economics, International Journal of Energy and Environment, International Journal of Green Energy, International Journal of Sustainable Energy usw.

primären oder sekundären Sektor stammen, werden die Umwelteinflüsse bei holistischen Betrachtungen jedoch nicht vernachlässigt. Dienstleistungen haben eigene Charakteristika wie z. B. Immaterialität oder Gleichzeitigkeit von Produktion und Konsum (Corsten und Gössinger 2007, S. 26). Da sie sich dadurch von Sachleistungen unterscheiden, werden Dienstleistungen in der vorliegenden Untersuchung ausgeklammert.

2.2.4. Unternehmen und Kundenbeziehungen

Eine weitere Einschränkung des Erkenntnisobjektes findet im Hinblick auf den Absatzmarkt bzw. die Kundenbeziehungen statt. Die Untersuchung legt den Fokus auf Unternehmen mit überwiegend Business-to-Business (B2B) Kontakten.

Es ist unumstritten, dass Produktion und Konsum Hand in Hand gehen und innerhalb von Nachhaltigkeitsgesichtspunkten nicht entkoppelt betrachtet werden können (Sonntag 2000, S. 105). Jedoch spielt die Position in der Supply Chain eine wichtige Rolle für den Umgang mit Nachhaltigkeit. An KMU wurde gezeigt, dass Methoden und Zusammenarbeit in Bezug auf ökologischer Nachhaltigkeit mit Lieferanten strukturierter und fortgeschrittener sind als die gleichen Methoden und Zusammenarbeit in Bezug auf Kunden (Hofmann et al. 2012, S. 540). Interaktionen mit Geschäftskunden finden formalisierter statt, z. B. mittels Rahmenverträgen im Ein- und Verkauf, Qualitätsabnahmen oder geforderten Zertifizierungen. Zudem ändern sich die Spielregeln im Bereich der Business-to-Consumer-Beziehungen (B2C) aktuell kontinuierlich (Zahn et al. 2008, S. 53 f.). Zum einen durch die vermehrte Internetnutzung für Einkäufe, zum anderen werden die Endkunden mehr in die Produktion integriert (Tapscott und Williams 2007, S. 11). Die Verhandlungsmacht der Endkunden steigt, da das Internet dazu beiträgt, die Kunden gebündelter, bedeutungsvoller, standardisierter und informierter auftreten zu lassen (Porter 1980, S. 24). Somit werden Konsumenten als Gruppe organisierter und weniger anfällig für Ausbeutung (Olson 2004, S. 163). Sie gewinnen durch die sozialen Netzwerke mehr Macht (Tapscott und Williams 2007, S. 11). Daraus entwickelt sich in Bezug auf Nachhaltigkeit ebenfalls eine neue Dynamik. Dies zeigt sich in den Bewegungen zu LOHAS (Lifestyle of Health and Sustainability), „Responsible Consumption" (Marchand und Walker 2008, S. 1168) sowie Forschungen auf dem Feld von „Sustainable Consumption and Production" (Scholl et al. 2008, S. 24 f.). Der Konsument rückt zusammen mit der Produktion in den Fokus der Nachhaltigkeitsbemühungen.

Des Weiteren beinhaltet die Beziehung zwischen Kunden und Handel im B2C-Bereich einen Widerspruch. Umsatz wird häufig durch vermehrten Absatz generiert. Somit kann eine Einschränkung des Konsums zu Umsatzverlusten führen. Suffizienzstrategien werden deshalb nicht direkt von Unternehmen verfolgt, da sie dadurch Absatzverluste befürchten (Knight 2004, S. 115). Ansätze, Profiteinbußen verursacht durch verringerten Absatz zu kompensieren, finden sich bei der Konzeption von hybriden Leistungsbündeln. Diese beinhalten neben dem materiellen Produkt auch Dienstleistungen, die bestenfalls während der gesamten Produktlebensdauer genutzt werden können und auch bezahlt werden müssen. Damit tragen sie konstant zur Umsatzgenerierung bei. Die Produktverantwortung des Unternehmens endet dadurch nicht beim Verkauf des Produktes, sondern am End-of-Life: bei der Rücknahme, Verschrottung bzw. beim Recycling (Mont und Plepys 2008, S. 536). In geringem Umfang findet man dies bei Betreibermodellen (Tukker 2004, S. 258). Größere Vorstöße gibt es im B2C-Bereich z. B. Car2Go (Firnkorn und Müller 2011).

Die Ausgestaltung von zukünftigen B2C-Beziehungen birgt noch sehr viel Unsicherheit. B2B-Beziehungen sind formalisierter und strukturierter. Im Rahmen der Problemstellung dieser Arbeit - Strategieimplikationen aus einem Nachhaltigkeitsverständnis abzuleiten - erscheint es deswegen zielführender, sich auf den B2B-Bereich zu konzentrieren. Die Ergebnisse können dann wiederum heuristischen Wert für eine zukünftige Studie von Nachhaltigkeit in B2C-Beziehungen liefern.

2.2.5. Kleine und mittlere Unternehmen (KMU)

Im letzten Schritt wird das Untersuchungsobjekt auf KMU eingegrenzt. Obwohl keine allgemeingültige Definition für KMU existiert, gibt es bei den bestehenden Definitionen gewisse Übereinstimmungen. Die EU (2003) betrachtet Unternehmen mit weniger als 250 Mitarbeiter, 50 Mio. Euro Umsatz und 43 Mio. Euro Bilanzsumme als KMU. Das Statistische Bundesamt (2011, S. 487), das Bundesministerium für Wirtschaft und Technologie (2012) sowie der Bundesverband öffentlicher Banken Deutschlands, darunter die KfW (2008) und die Landesbanken, lehnen sich an diese Definition an. Auch im HGB (§267 Abs. 2) wird die Grenze bei 250 Mitarbeitern gezogen. Allerdings liegt die Umsatzgrenze bei 38,5 Mio. Euro. Das Institut für Mittelstandsforschung Bonn hingegen (2011) definiert KMU als Unternehmen, die weniger als 500 Mitarbeiter haben; die Umsatzgrenze liegt jedoch, wie bei der EU-Definition unter 50 Mio. Euro.

Die Abgrenzung von KMU, Mittelstand und Familienunternehmen ist weniger genau.

„Während für die KMU-Definition vor allem die quantitativen Kriterien maßgebend sind, werden Familienunternehmen eher qualitativ spezifiziert"

(Schäfer 2007, S. 10). Das heißt, bei der Definition von Familienunternehmen ist die Einheit von Eigentum und Leitung ausschlaggebend (Schröder und Wömpener 2011, S. 32). Mittelstand hingegen kann im engeren Sinne als Schnittmenge von mittleren Unternehmen (ca. 50 - 250 Mitarbeiter) und Familienunternehmen gesehen werden (ebd. S. 31 f.), im weiteren Sinne als Synonym für Familienunternehmen.

Die Einheit von Eigentum und Leitung zeichnet auch viele KMU aus.[39] Diese führt zu einer langfristigen Bindung des Managements an das Unternehmen, woraus langfristige Zielsetzungen resultieren. Feedbackloops aus früheren Strategieentscheidungen müssen von den Managern antizipiert werden, da die Konsequenzen persönlich getragen werden müssen (Weick 1995 [1985], S. 123–124).

KMU sind keine kleinen „Großunternehmen" (Welsh und White 1981, S. 2). Sie agieren nach eigenen Gesetzmäßigkeiten. Bos-Brouwers (2010, S. 419) unterscheidet kleine und große Unternehmen wie folgt:

Small and Medium-Sized Enterprises	**Large Enterprises**
Dominant role of the entrepreneur/owner	Delegated management control between board of directors and shareholders
Resource poverty (capital, time, knowledge and skilled personnel)	Economy of scale, resource abundance
Flexible organization capacities	Bureaucratic rigidity
Focus on short term	Focus on mid to long term
Strong local/regional focus and customer needs orientation	Strong (inter)national focus and looser ties with customers
Low degree of formalization	High degree of formalization

Tab. 3: Unterscheidungsmerkmale von großen Unternehmen und KMU (nach Bos-Brouwers 2010, S. 419)

Obwohl diese Einteilung in manchen Aspekten, z. B. bezüglich Hidden Champions (Simon 2007) widerlegbar ist, geben diese Charakteristika einen Überblick über die Unterschiede von KMU und großen Unternehmen und somit eine Begründung für eine eigenständige Betrachtung von KMU in der Forschung.

Die Anzahl der KMU mit ihren jeweiligen Beschäftigten im verarbeitenden Gewerbe ist wie folgt:

39 Forschung auf dem Gebiet der Familienunternehmen unterscheidet jedoch selten zwischen großen und kleinen Unternehmen (außer z. B. Schäfer 2012).

	Anzahl Unternehmen	Beschäftigte	Umsatz [Euro]
Kleinstunternehmen bis 9 Mitarbeiter	203.703	392.492	91.356.066
Kleine Unternehmen bis 49 Mitarbeiter	46.002	979.971	148.402.947
Mittlere Unternehmen bis 249 Mitarbeiter	15.482	1.641.547	339.200.048
Großunternehmen ab 250 Mitarbeiter	3.987	3.724.702	1.245.455.572
Summe	269.174	6.738.712	1.824.414.633

Tab. 4: Unternehmen im verarbeitenden Gewerbe nach Größe (nach Statistisches Bundesamt 2011, S. 489)

Besonderes Interesse gilt hierbei den kleinen und mittleren Unternehmen, die in 61.484 Unternehmen 2.621.518 Mitarbeiter beschäftigen. Die KMU stellen somit 23 % der Unternehmen, beschäftigen 39 % der Mitarbeiter und erwirtschaften 27 % des Umsatzes im verarbeitenden Gewerbe.

KMU erfüllen zudem noch weitere wichtige Aufgaben: Während große Unternehmen effizienter Skaleneffekte abschöpfen können, sehen kleine Unternehmen Nischen, die sie optimal nutzen können (Lockett 2005, S. 87). Ebenso sind KMU eine Quelle von Innovationen und leisten dadurch einen wichtigen volkswirtschaftlichen Beitrag (Baumol 2008, S. 576 f.; Bos-Brouwers 2010, S. 431).

Zwischenfazit

In diesem Kapitel wurde das Untersuchungsobjekt eingegrenzt. Dabei wurden öffentliche Unternehmen, Social Entrepreneurs, Unternehmen des primären und tertiären Sektors sowie Unternehmen mit vorwiegend Business-to-Customer-Beziehungen von der Untersuchung ausgeklammert. Zudem wurden die Notwendigkeit einer differenzierten Betrachtung von Unternehmen und die wirtschaftliche Bedeutung von KMU aufgezeigt. Im Weiteren wird ein kurzer Überblick über die Stakeholdertheorie sowie die Strategieforschung im Allgemeinen und in Bezug auf Nachhaltigkeit gegeben.

3. Stand der Forschung

Dieses Kapitel ist in drei Teile gegliedert. Zunächst werden in Kapitel 3.1. die Grundlagen der Stakeholdertheorie erläutert, die Stakeholder gruppiert sowie ihre Zielsetzungen und ihre Beziehungen zueinander näher betrachtet. Kapitel 3.2. widmet sich der Strategieforschung, Stakeholderstrategien und ausgewählten Nachhaltigkeitsstrategien. Abschließend wird die Forschungslücke in Kapitel 3.3. dargestellt.

3.1. Stakeholdertheorie

3.1.1. Überblick Stakeholdertheorie

Die Stakeholdertheorie (ST) bietet gute Anknüpfungspunkte für eine nachhaltige Managementtheorie. Nach Freeman (1984, S. 25) werden Stakeholder folgendermaßen definiert:

> „Any group or individual who can affect or is affected by the achievement of the firm's objectives."

Die ST untersucht das Beziehungs- und Wirkungsgeflecht zwischen Unternehmenszielen und verschiedenen Anspruchsgruppen. Den praktischen Nutzen beschreiben Untersuchungen von Clement (2005, S. 256 ff.), bei denen US-Manager darlegen, welche Lektionen sie durch die Berücksichtigung der ST gelernt haben:

1. Unternehmen stehen unter wachsendem Druck, auf ihre Stakeholder zu reagieren.
2. Unternehmen sind rechtlich dazu verpflichtet, mit ihren Stakeholdern zu interagieren.
3. Unternehmen werden von Managern geführt, die sich immer weniger an ihren Berufsethos gebunden fühlen und sich dafür stärker durch die Erwartungen und Einstellungen ihrer Kollegen beeinflussen lassen.
4. Unternehmen reagieren auf mächtige Stakeholder, die legitime und dringende Forderungen haben.
5. Unternehmen können ihre Erträge steigern, wenn sie auf Anliegen der Stakeholder reagieren.

Diese Lektionen spiegeln auch das Spannungsfeld wider, das Zielsetzungen in Nachhaltigkeitsthemen mit sich bringen. Neue Medien schaffen Transparenz und erlauben es Stakeholdern, sich besser zu informieren und zu organisieren; die europäische Gesetzgebung rückt Umwelt- und Verbraucherrechte in den

Mittelpunkt; Beziehungsnetzwerke sind wichtiger als Qualifikation;[40] NGOs gewinnen an Macht und die Unternehmensreputation ist von allen Stakeholdern beeinflussbar. Um diese Lektionen für das Unternehmen nutzbar zu machen, wird eine Managementtheorie benötigt, die es ermöglicht, Strategien zum Umgang mit diesen Lektionen abzuleiten.

Die ST wurde von Freeman (1984) weiterentwickelt und populär gemacht, um das Verständnis des Unternehmens auf eine Stakeholdersichtweise über finanzielle Interessen hinaus zu erweitern. Damit wird die Produktionssichtweise des Unternehmens, die sich in erster Linie mit Kauf von Material, Produktion und Verkauf befasst und die Managersichtweise, die Eigentümer und Angestellte zusätzlich berücksichtigt, ergänzt (Freeman 1984, S. 6).[41] Die ST ist im Pragmatismus verankert (Freeman et al. 2010, S. 64–79). Ein Kernpunkt des Pragmatismus ist, dass Sprache und Modelle das Handeln beeinflussen. Der Nutzen der Theorie steht im Vordergrund, nicht „richtige" oder „falsche" Ansätze. Methodenvielfalt und multiple Interpretationen sind zulässig.

Durch Stakeholdermanagement soll im Unternehmen ein besseres Bewusstsein bezüglich interner und externer Veränderungen, die auf die Stakeholder einwirken sowie von den Stakeholdern ausgehen, geschaffen werden (Freeman 1984, S. 74). Im Mittelpunkt stehen dabei die Beziehungen der Stakeholder mit dem Ziel der optimalen Nutzenschaffung. Dies geschieht durch Stakeholdermanagement auf drei prozessualen Ebenen (ebd. S. 52-74):

- Rationale Ebene: Identifikation der Stakeholder und deren Ziele („Stakes"),
- Organisationale Ebene: Identifikation der Beziehungen zwischen den Stakeholdern und der Relevanz der Stakes,
- Beziehungsebene: Verständnis und Management von Interaktionen unter den Stakeholdern.[42]

Vier Ideen liegen der ST zugrunde (Freeman et al. 2010, S. 6–8):

- Auflösen des Trugschlusses demzufolge Wirtschaften und Ethik trennbar sind: Entscheidungen können nicht in „Businessentscheidung" bzw. „moralische Entscheidung" eingeteilt werden. Jede Entscheidung hat einen ethischen Inhalt.

---

40 Siehe hierzu auch Diskussionen um die gläserne Decke in Cotter et al. 2001.

41 Zur Genese der ST siehe Freeman 2010, S. 30–62.

42 Freeman bezeichnet diese Ebene als „Transactional Level" und beschreibt deren Inhalt mit:"Interacting with Stakeholders". Dabei grenzt er Transaktion und Interaktion Frey 1997, S. 400 nicht weiter voneinander ab.

- Beantwortung der Fragen: Wenn eine Entscheidung gefällt wird, für wen werden Werte geschaffen und für wen zerstört? Wer ist Geschädigter und wer ist Nutznießer der Entscheidung? Welche Rechte werden gestärkt und welche Werte werden durch diese Entscheidung vertreten?
- Integration von Ethik und Wirtschaften: Wenn über Wirtschaften gesprochen wird, muss gleichzeitig über Ethik gesprochen werden. Ebenso kann nicht über Ethik oder Wirtschaften gesprochen werden, ohne den Menschen mit einzubeziehen.
- Übernahme von Verantwortung: Prinzipiell wird davon ausgegangen, dass Menschen für ihr Handeln Verantwortung übernehmen. Dabei ist es wichtig zu erkennen, unter welchen Umständen dies nicht bzw. besonders gilt.

Besonders in der Integration von Ethik und Menschen in die Geschäftswelt sieht Freeman noch Forschungsbedarf (Freeman et al. 2010, S. 8). Wenn aktuell gängige Managementtheorien die Kapitalmehrung als Handlungsmaxime in den Vordergrund stellen, ist ein einseitig profitmaximierendes Wirtschaften die zwingende Folge (Freeman et al. 2010). Das Feld der Wirtschaftsethik[43] wird zunehmend wichtiger (ebd. S. 199). Wie Ethik in die Managementtheorie integriert wird, ist dabei unterschiedlich. Ethik kann sich in einzelnen Problemstellungen manifestieren, als Schutz vor selbstsüchtigem Verhalten dienen oder als Aufgabe verstanden werden, welche die Aktivitäten des Unternehmens legitimiert. In der ST werden ethische Fragestellungen als zentral für wirtschaftliche Entscheidungen wahrgenommen (ebd. S. 200-202). Freeman beklagt das Vereinnahmen der ST durch die CSR-Forschung, wobei häufig die wirtschaftliche Dimension vernachlässigt wird. Die CSR-Literatur fördert die Trennung von „Wirtschaften" und „Ethik" und integriert diese beiden Themengebiete nicht (ebd. S. 262). Die Forschung im Bereich Nachhaltigkeit befürwortet er, da diese der ökonomischen Dimension mehr Beachtung schenkt als die CSR-Literatur (ebd. S. 118).

Die Unterschiede der ST zu anderen gängigen Managementtheorien lassen sich wie folgt zusammenfassen:[44]

- Neue Institutionenökonomik: In der Transaktionskostentheorie, der Principal-Agent-Theorie und der Verfügungsrechtetheorie werden Messgrößen benötigt, um Transaktionen, Verantwortung und Rechte zu operationalisieren. Dies bietet die ST nur bedingt, da sie Entschei-

[43] Im Original: Business Ethics.

[44] Die Auswahl orientiert sich an den in Kapitel 2.2.1. vorgestellten Theorien.

dungen nicht klar in „Wirtschaften" und „Ethik" trennt (Jensen und Meckling 1976, S. 308; Freeman et al. 2010, S. 12). So benennen Williamson (1975) und Coase (1937, S. 388) unterschiedliche Kosten als Grundlage für die Entscheidung, ob Transaktionen mittels Hierarchie (im Unternehmen) oder durch marktliche Mechanismen organisiert werden. Dabei spielen die Kosten zur Absicherung von Kontrakten eine entscheidende Rolle. Diese Kosten können endogen von den Kontraktpartnern getragen werden oder exogen von der Allgemeinheit. Endogene Transaktionskosten sind gründlich erforscht, da diese von den Kontraktpartnern möglichst gering gehalten oder vermieden werden möchten. Exogene Kosten, die viele Stakeholder betreffen, werden kaum betrachtet und müssen erst durch Gesetze internalisiert werden. Dies stellt eine Schwäche der Transaktionskostentheorie dar, die mittels der ST kompensiert werden könnte. (Freeman et al. 2010, S. 18–19).

- Resource-Based-View: In der ST wird nur bedingt nach intraorganisationalen Gesichtspunkten entschieden, da die Sichtweise von allen Stakeholdern und derer Beziehungen zueinander im Mittelpunkt stehen (Freeman et al. 2010, S. 12).
- Market-Based-View: Hier ist der Erfolg eines Unternehmens abhängig von der Struktur der Industrie/Branche („Five forces"[45]) und der eigenen Wertschöpfungskette (Porter 1980, S. 35 ff.). Dabei geht es um die Suche nach Wettbewerbsvorteilen. So richtet Porter die Wertschöpfung nur auf spezielle Gruppen (Management oder Kunden) aus, während die ST die Wertschöpfung für alle Gruppen in den Mittelpunkt stellt (Freeman et al. 2010, S. 16).

Keine der oben genannten Managementtheorien exkludiert oder widerlegt die ST. Teile der einzelnen Theorien können mit geringen Anpassungen in die ST integriert werden (ebd. S. 12-16). Zudem wurde inzwischen ein positiver Zusammenhang zwischen aktivem Stakeholdermanagement und finanzieller Performance nachgewiesen (ebd. S 95-104).

Des Weiteren stellt die ST klar, dass ein Unternehmen nicht eine generelle Verantwortung gegenüber der Gesellschaft hat, sondern in erster Linie gegenüber seinen Stakeholdern. Dies ist eine Chance zur Abgrenzung von Gruppen und ermöglicht so ein gezieltes Management (ebd. S. 260). Daraus resultieren Produkte, die die einzelnen Kundenerwartungen besser erfüllen,

45 Diese fünf Kräfte sind: brancheninterner Wettbewerb, Bedrohung durch neue Anbieter, Verhandlungsmacht der Zulieferer, Verhandlungsmacht der Kunden und Bedrohung durch Ersatzprodukte.

individuelle Karrieremöglichkeiten für Mitarbeiter oder Kooperationen zur Wissensgenerierung mit Lieferanten.

Donaldson und Preston (1995, S. 83) sehen die ST in erster Linie als normativ und zielgebend[46], indem sie Einstellungen, Strukturen und Herangehensweisen empfiehlt. Auch beschreibend bzw. deskriptiv ist sie einsetzbar. Über ihren instrumentellen[47] Charakter besteht jedoch Uneinigkeit: Donaldson und Preston sehen die ST nicht als instrumentell, Jones (1995, S. 421 ff.) dagegen schon. Letzterer schlägt z. B. eine Verknüpfung mit spieltheoretischen Ansätzen vor: „Tit for tat" (Dixit und Nalebuff 1997, S. 89 ff.; Axelrod 2009, S. 35 ff.) eignet sich in seinen Augen als Unternehmensstrategie. Ein guter Ruf, der auf wiederkehrenden und verlässlichen Interaktionen begründet ist, stellt z. B. einen Wettbewerbsvorteil dar. Freeman selbst betont vor allem die Funktion der ST zur Anleitung von Managern im Umgang mit Komplexität (Freeman et al. 2010, S. 6 u. 224).

In den folgenden drei Abschnitten wird die ST in drei Bereiche untergliedert und erörtert:[48]

1. Wer oder was sind Stakeholder?
2. Welche Ziele haben sie?
3. In welcher Beziehung stehen sie zueinander?

3.1.2. Stakeholderklassifizierung und Abgrenzung

Der Kern der ST beinhaltet die maximale Nutzenschaffung für alle Stakeholder mittels ihrer Beziehungen untereinander. Das bedeutet allerdings nicht, dass alle Stakeholder als gleich wichtig eingestuft werden (Freeman et al. 2010, S. 23). Wie bereits im vorangegangenen Kapitel definiert, sind Stakeholder Gruppen oder Individuen, die die Ziele eines Unternehmens beeinflussen oder von den Zielen eines Unternehmens beeinflusst werden. Nicht berücksichtigt sind somit Akteure, die das Unternehmen nicht beeinflussen können oder keine Beziehung zum Unternehmen haben.

---

46 Im Original: managerial.

47 Im Sinne von Mitteln und Methoden zur Verfügung stellend.

48 Unterteilung angelehnt an Frooman 1999 und Freeman 1984.

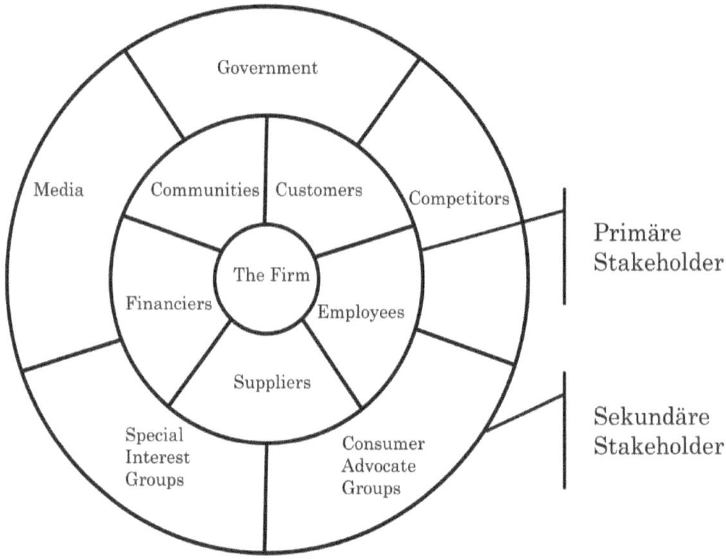

Abb. 5: Einteilung primäre und sekundäre Stakeholder (nach Freeman 2010, S. 24

Stakeholder können in primäre und sekundäre Stakeholder unterteilt werden (siehe Abbildung 5). Primäre Stakeholder sind an der Wertschöpfung beteiligte Gruppen oder Individuen. Sekundäre Stakeholder sind in der Lage, die Wertschöpfung zu beeinflussen. Eine genaue Auflistung von bzw. Abgrenzung zwischen den Stakeholdern ist schwierig und kann nur im speziellen Fall für einzelne Unternehmen mithilfe einer „Stakeholder Map" erfolgen. Diese benennt alle spezifischen Stakeholder und deren Beziehungen zueinander (Freeman 1984, S. 55).

Stakeholder werden in der Managementliteratur unterschiedlich gruppiert. Sie können in unternehmensinterne (Mitarbeiter) und -externe (Kunden) Gruppen aufgeteilt werden (Freeman et al. 2010, S. 37). Die Grenze wird bei dieser Einteilung jedoch fließend, da Zeitarbeiter externe Mitarbeiter sind, und je nach Geschäftsmodell können auch interne Kunden definiert werden. Harrison und St. John (1998, S. 8) ergänzen Freemans Stakeholdermodell um eine weitere Dimension (siehe Abbildung 6). Freemans „The Firm" mit ihren Grenzen wird dabei aufgelöst und in Stakeholder überführt. Dieses Auseinanderbrechen von „The Firm" ist insofern korrekt, als Individuen alleine bzw. Individuen in Interessensgruppen handeln und nicht Organisationen (Weick 1995 [1985], S. 53).

Abb. 6: Stakeholdermodell (nach Harrision und St. John 1998, S. 8)

Stakeholder vertreten einen Anspruch und sind sowohl Einzelpersonen als auch Gruppen. Gruppen wiederum können sehr heterogen sein, sei es intern bezüglich ihrer Mitglieder oder im Vergleich zu anderen Gruppen. Aus der Gruppengröße lässt sich deren Handlungsfähigkeit ableiten. Je größer eine Gruppe ist, umso kleiner fällt letztendlich der Gruppenanteil bei möglichen Gewinnen aus. Daraus ergibt sich eine geringere Einsatzbereitschaft von Untergruppen oder eines Einzelnen. Auch erhöhen sich die Verwaltungskosten bei großen Gruppen. Somit sind große Gruppen nicht zwingend die stärksten Stakeholder (Olson 2004, S. 27 f.).

Im Folgenden wird das Unternehmen als eine Kombination aus den Stakeholdern „Management" und „Mitarbeiter" aufgefasst. Organisationen vertreten einen Anspruch von Stakeholdern. So können mehrere Gruppen sich in einer Organisation zusammenfinden, um einen Anspruch zu vertreten. Dadurch tritt eine Organisation zur Bündelung von individuellen, gleichartigen Ansprüchen als Stakeholder auf.[49] Ein Unternehmen ist somit auch eine Organisation, wenn ihre Mitglieder einen gemeinsamen Anspruch vertreten.

[49] Ein Beispiel hierzu: Greenpeace setzt sich aus Individuen und Untergruppen zusammen. Ihr Anspruch ist der Schutz der Lebensgrundlagen. Somit ist in diesem Fall die Organisation ein Stakeholder.

Mitchell et al. (1997, S. 874 ff.) beleuchten die Bedeutung der Stakeholder in den Augen der Manager anhand von drei Attributen (siehe Abbildung 7).

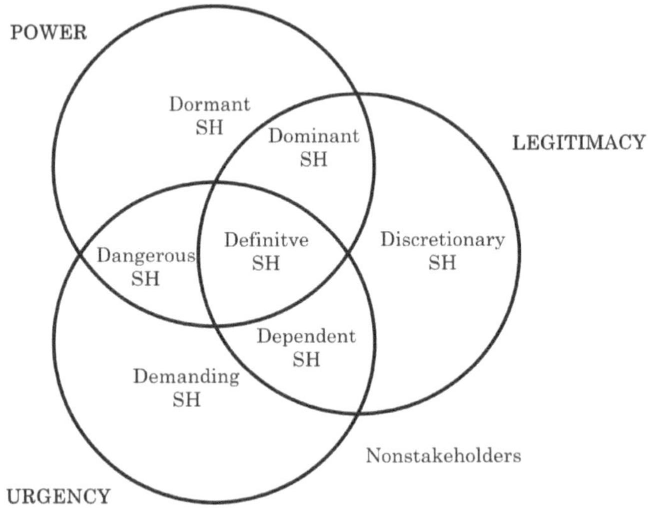

Abb. 7: Stakeholdertypologie nach Attributen (nach Mitchell et al. 1997, S. 874

- Macht bzw. Einfluss (power): Eine gängige Definition von Macht ist: Wenn Stakeholder A abhängig von Stakeholder B ist, besitzt Stakeholder B Macht über Stakeholder A (Frooman 1999, S. 196). Diese Definition lässt z. B. die Macht von Medien außen vor. Unternehmen sind zwar nicht marktlich abhängig von Medien, diese können aber trotzdem eine enorme Auswirkung (bzw. Einfluss) auf das Unternehmen mittels ihrer Berichterstattung haben. Macht hängt von dem Ausmaß ab, welchen Zugang eine Gruppe zu Mitteln hat, ihren Willen durchzusetzen (Mitchell et al. 1997, S. 865). Die Macht der Stakeholder ist abhängig von verschiedenen Faktoren: 1. Wie konzentriert und kontrolliert sind die entsprechenden Stakeholder? 2. Wie wichtig ist der Stakeholder für die wirtschaftliche Tätigkeit des Unternehmens? und 3. Können Ressourcen, die von den Stakeholdern zur Verfügung gestellt werden, substituiert werden? (Jones et al. 2007, S. 141).
- Legitimation (legitimacy): Legitimation ist „a generalized perception or assumption that the actions of an entity are desirable, proper, or appropriate within some socially constructed system of norms, values, beliefs, and definitions" (Suchman 1995, S. 575). Legitimation der Stakeholder wird meist normativ, also ethisch begründet. Aber auch aus Ge-

wohnheitsrecht oder Gründen des Pragmatismus[50] können Stakeholdern Legitimation bei ihren Anliegen gewährt werden (Suchman 1995, S. 578 ff.). Legitimation kann auch auf anderen Stakeholdern basieren. Diese Legitimation wird als „abgeleitete Legitimation" bezeichnet und für Stakeholder wie Medien, Wettbewerbern oder Aktivistengruppen verwendet. Diese können die Handlungen einer Organisation über andere normative Stakeholder beeinträchtigen, stehen aber nicht zwingend im Fokus der Organisation (Phillips 2003, S. 31 ff.). Stakeholder mit abgeleiteter Legitimation sind zunächst sekundär und sollten nur dann adressiert werden, wenn sie die normativ legitimierten Stakeholder beeinflussen (Jones et al. 2007, S. 142).

- Dringlichkeit (Urgency): Dringlichkeit benennt, wie wichtig und zeitkritisch ein Anliegen zu bewerten ist (Mitchell et al. 1997, S. 867). Dringlichkeit kann z. B. von der moralischen Intensität (McMahon und Harvey 2006, S. 402) einer Fragestellung abhängig sein und wirkt als Verstärker von Macht und Legitimation (Jones et al. 2007, S. 153).

Ruhende Stakeholder erfüllen nur ein, erwartungsvolle Stakeholder zwei und bestimmende Stakeholder drei der oben genannten Attribute.[51] Die Bedeutung eines Stakeholders für die Manager steigt mit zunehmender Anzahl an Attributen. Somit sollten Stakeholder mit Macht, Legitimation und dringenden Anliegen im Fokus von Managern stehen. Dabei sind diese Attribute nicht statisch, sondern dynamisch zu bewerten. Stakeholder können ihre Bedeutung über die Zeit signifikant ändern.

Freeman unterscheidet zudem in „market" und „non-market" Stakeholder (2010, S. 107–108). Diese Unterscheidung wird von Delmas (2008, S. 1035) näher erläutert. Obwohl Delmas den Begriff der Stakeholder nicht verwendet, unterscheidet sie ihre „constituents" in marktnahe Stakeholder, wie z. B. Kunden, Lieferanten und Wettbewerber und nicht marktnahe Stakeholder, wie z. B. Gesetzgeber, NGOs, Gemeinden und Medien. Dabei sehen marktnahe Stakeholder Umweltthemen als Geschäftstreiber, nicht marktnahe als negative Externalität. Sie folgert daraus, dass deshalb marktnahe Stakeholder über Compliance hinausgehende Methoden und Praktiken zur ökologischen Nachhaltigkeit adaptieren und übernehmen, da hier ein Wettbewerbsvorteil und somit ein finanzieller Gewinn zu erwarten ist. Somit sind Umweltmaßnahmen, die sich auf den finanziellen Geschäftserfolg auswirken (z. B. die Zertifizierung nach ISO 14001 zur Erweiterung des Kundenkreises) über marktnahe Stakeholder erfolgsversprechender. Freiwillige Programme (z. B. eine

50 z. B. aus Eigeninteresse des Unternehmens.

51 Im Original: ruhend = latent; erwartungsvoll = expectant; bestimmend = definitive.

medienwirksame Initiative zur Müllreduktion) hingegen sind über nicht-marktnahe Stakeholder aussichtsreicher.

Dabei ist darauf zu achten, dass die gruppierten Stakeholder in sich möglichst homogen sind, da sonst die Aktionsfähigkeit der Stakeholder eingeschränkt wird und sie zudem unvorhersehbarer agieren. Dadurch fallen auch Strategieentscheidungen von Unternehmen als Antwort unterschiedlich aus. Die Heterogenität von Stakeholdern wird von Kassinis und Vafeas (2006, S. 147 ff.) aufgezeigt. Sie untersuchten Stakeholder differenzierter und stellten eine unterschiedlich starke Einflussnahme auf Unternehmen in Abhängigkeit von Einkommen, Bevölkerungsdichte und Anzahl an Umweltaktivisten innerhalb einer Gruppe fest. Bei der Definition von Stakeholdern spielt nicht nur der Anspruch alleine, sondern auch die Gruppierung der Individuen zu Stakeholdern[52] eine Rolle.

Häufig wird diskutiert, ob die Umwelt ein Stakeholder ist (Onkila 2011, S. 382). Diese wird auch in obigen Grafiken nicht explizit genannt. Umwelt wird zwar als Ressource gesehen (Hart 1995, S. 990), aber da die „Umwelt" nicht direkt Macht ausüben kann, sondern nur indirekt über Personen oder Organisationen, wird sie in dieser Arbeit nicht als separater Stakeholder anerkannt, sondern von mehreren Stakeholdern vertreten. Vertreter sind z. B. Umweltorganisationen, Anwohner oder Medien, aber auch umweltbewusste Kunden.

Eine Einteilung der Stakeholder erfolgt häufig funktional: gesetzgebende Stakeholder (z. B. Regierung, Handelsverbände), organisationale Stakeholder (Kunden, Lieferanten, Angestellte, Anteilseigener), die Öffentlichkeit (Gemeinde, Umweltorganisationen, Interessensgruppen) und die Medien (Henriques und Sadorsky 1999, S. 96). Solche Einteilungen sind kontextabhängig (Murillo-Luna et al. 2008, S. 1238). Nicht jede NGO ist z. B. dem Umweltschutz verschrieben. Die Funktion einer NGO kann auch die Verbesserung von sozialen Missständen sein. Eine Standardantwort für den Stakeholder „NGO" kann es somit nicht geben.

In dieser Arbeit werden folgende Stakeholder näher betrachtet: Kapitalgeber, Management, Mitarbeiter, Kunden, Lieferanten, Gesetzgeber, Umweltorganisationen, Organisationen mit sozialen Belangen, Andere (z. B. Medien, Weiterbilder etc.). Der Stakeholder „Wettbewerber" wurde bewusst ausgeklammert, da Wettbewerbsmanagement oder Erfolgsfaktorenforschung nicht im Mittelpunkt dieser Arbeit stehen.

[52] Diese Überlegung entfällt, wenn ein Individuum einen Anspruch vertritt, und somit alleine der Stakeholder ist.

3.1.3. Stakeholder und ihre Zielsetzungen

Aus dem Verwirklichen von gemeinsamen Zielen kann sich ein „Positiv-Summen-Spiel"[53] ergeben (Crilly und Sloan 2012, S. 1182). Dazu ist es wichtig, die Zielsetzungen der einzelnen Stakeholder zu kennen. Da im Rahmen eines nachhaltigen Wirtschaftens mehrere Ziele verfolgt werden, kann hier ein Bild von vielen Stimmen, die gehört werden wollen, verwendet werden. Dazu wurde in der Literatur der Begriff der Polyphonie geprägt (Belova et al. 2008, S. 495):

> „[..] we suggest that polyphony has also been used to make sense of organizations as discursive spaces which are shaped by a multiplicity of voices, dominant and peripheral, which together make up a contested and ever-changing arena of human action."

Konflikte bewusst und offen anzusprechen sieht auch Freeman als Aufgabe des Stakeholdermanagements (2010, S. 95). Ziel ist, Stakeholder je nach Bedeutung in den Entscheidungsfindungsprozess einzubeziehen und so eine gemeinsame und „nachhaltige" Entscheidung zu erzielen (Oxley-Green und Hunton-Clarke 2003, S. 297).

Nachfolgend eine Auswahl von möglichen Zielen im Rahmen des Nachhaltigkeitsdiskurses der für die vorliegende Arbeit relevanten Stakeholder:

- Kapitalgeber erwarten eine langfristig hohe Rentabilität (Friedman 1970, S. 32). Auf dem Kapitalmarkt wird zudem ein sozialverträgliches Investment[54] immer stärker nachgefragt (Schäfer 2009, S. 64). In dieser Untersuchung stehen die Eigenkapitalgeber, bei KMU meist zugleich die Eigentümer, im Fokus.
- Mitarbeiter erwarten einen langfristig gesicherten, nicht gesundheitsschädigenden Arbeitsplatz (Loch et al. 2010, S. 100), der ihnen eine Work-Life-Balance ermöglicht (Werle 2012).
- Kundenanforderungen können im Spannungsfeld eines Dreiecks mit den Eckpunkten Kosten, Qualität und Zeit (Westkämper 2006, S. 17) angesiedelt werden. Diese können sich über die Zeit ändern, da eine bessere Informationsverfügbarkeit zu informierteren Entscheidungen führt. Trends wie Open-User-Konzepte oder LOHAS (Lifestyle of Health and Sustainability) spiegeln dies wider.

---

53 Abgeleitet aus der Spieltheorie: Im Gegensatz zum Nullsummenspiel ergibt die Summe aller Gewinne und Verluste nicht Null, sondern einen Gewinn.

54 Häufig wird dies mit SRI/Social Responsible Investment bezeichnet.

- Lieferanten erhalten Planungssicherheit durch langfristige, zuverlässige Abnehmer. Standortentscheidungen, Technologiewahl und Qualitätsstandards werden maßgeblich von der Struktur der Supply Chain beeinflusst (Horváth et al. 2007, S. 144 f.).
- Gesetzgeber erwarten Compliance bezüglich der vorhandenen Gesetzgebung. Dabei wurde die Produktverantwortung der Unternehmen in den letzten Jahren immer weiter erhöht. Beispiele dafür sind Gewährleistungen, Rücknahmeverpflichtungen, Recyclingquoten oder Materialnachweise. Unternehmen sind zudem Arbeitgeber und eine Einnahmequelle für Steuereinnahmen.

Nicht-Regierungs-Organisationen werden im Rahmen dieser Untersuchung in zwei Gruppen unterteilt: Umweltorganisationen und Organisationen in sozialen Belangen.

- Umweltorganisationen treten als Sprachrohr zur Beleuchtung von Umweltmissständen auf. Überregional bekannt sind vor allem WWF, Greenpeace und der BUND[55]. Häufig gibt es lokale Bewegungen, die sich speziellen Lärm-, Abfall-, oder Wasserbelastungen annehmen. Große Unternehmen schließen sich in Verbänden zusammen, um auf diese Organisationen zu reagieren (Spillmann und Staehelin-Witt 1993, S. 115).
- Organisationen in sozialen Belangen vertreten häufig lokale Anliegen. Darunter fallen z. B. Behindertenwerkstätten, Tafeln, Ausbildungseinrichtungen, Feuerwehren, Vereine, etc. Diese erbitten Sachspenden oder ideelle Unterstützung, z. B. Zuteilung von kleinen Aufträgen, Ausbildungsmaterial, Räumlichkeiten, Unterstützung bei der Verwaltung und Organisation etc.

Managern fällt eine besondere Rolle zu (Belova et al. 2008, S. 494): Aus Sicht der ST ist es die Aufgabe des Managers, zwischen den stakeholderbezogenen heterogenen Belangen zu verhandeln:

> „A stakeholder approach to business is about creating as much value as possible for stakeholders, without resorting to trade-offs" (Freeman et al. 2010, S. 28).

Manager verfolgen dabei sowohl eigene Interessen wie auch die Interessen des Unternehmens (Zahra 1996, S. 1718 ff.). Ziel ist ein Maximum an Wertschöpfung in einer wandlungsfähigen Produktion, die strategisches Handeln, adaptive Produktion, Life-Cycle-Orientierung, Vermeiden von Verschwendung, Digitalisierung und Vernetzung der Produktion sowie Integration von

55 Bund für Umwelt und Naturschutz Deutschland.

Wissen und Lernen beinhaltet (Westkämper 2007). Die Qualität der Produkte steht dabei im Mittelpunkt. Diese zeichnen sich durch Langlebigkeit mit geringem Energie- und Materialverbrauch aus (Jovane et al. 2009, S. 36). Weiter rückt der Begriff der Resilienz für die Manager in den Mittelpunkt (Gulati 2009, S. 4 ff.), worin im engeren Sinne eine organisationale Flexibilität verstanden wird, um den Kunden in den Mittelpunkt des Unternehmens zu rücken. Unter Resilienz im weiteren Sinne wird die Widerstandsfähigkeit und Schockresistenz eines Systems verstanden, das seine Konfiguration unter Turbulenzen anpassen und seine Funktion erhalten kann (Weick und Sutcliffe 2001). Dies steht in manchen Bereichen als Widerspruch zur Nachhaltigkeit, da Nachhaltigkeit die Beständigkeit und das Fortführen von Prozessen bedeutet (Tainter 2006, S. 92). Somit haben sich die Aufgaben des Managers über die Jahrzehnte erweitert, da Stakeholder an Bedeutung gewinnen und Manager ihnen gegenüber Verantwortung zeigen müssen (Krishnan 1973, S. 668). Dies geschieht unter Berücksichtigung der eigenen und der Unternehmensinteressen.

In den unterschiedlichen Zielsetzungen sieht Freeman (2010, S. 20) fruchtbaren Boden für unternehmerische Tätigkeit: aus Wünschen und Bedürfnissen entstehen Geschäftspotenziale (ebd. S. 27). Stakeholder müssen nicht grundsätzlich konfligierende Interessen haben; viele sind miteinander verwoben (ebd. S. 23). Daraus kann resultieren, dass einerseits marktnahe Stakeholder sich nicht für das Umweltmanagement eines Unternehmens interessieren. Andererseits erachten Investoren, Stockholder und Finanzagenturen dies als wichtig, wenn sie die langfristige Performance im Blick haben (Iwata und Okada 2011, S. 1698). Die einzelnen konfligierenden Zielsetzungen und somit die Stakeholder, die diese vertreten, sind nicht immer gleich wichtig. Jedoch müssen sie alle auf lange Sicht berücksichtigt werden, da Konsequenzen aus Missachtung von Stakeholderinteressen die Geschäftstätigkeit beeinträchtigen können. Zudem können Stakeholder nur in der Beziehung zueinander Wertschöpfung betreiben. Die unterschiedlichen Interessen und Ziele zu erkennen und zu vereinbaren ist Aufgabe des Managers.

3.1.4. Stakeholderbeziehungen

Die ST findet Anwendung in vielen Gebieten: Unternehmensfinanzierung, Controlling, Personalmanagement, Operations Management, Projektmanagement, Marketing, Entwicklung usw. (Freeman et al. 2010, S. 121 ff.). Im Rahmen dieser Arbeit sind besonders die Anwendung auf ökologische und soziale Herausforderungen sowie die Interaktionen und das Beziehungsmanagement unter den Stakeholdern interessant. Dazu werden in diesem Teilkapitel unterschiedliche Stakeholderkulturen, das Verhalten von Stakeholdern unter Druck und sich daraus ableitende Unternehmenslogiken beleuchtet.

Stakeholderkulturen

Eine (Unternehmens-)Kultur unterstützt bei Problemlösungen, wirkt integrierend und ist sinnstiftend (Jones et al. 2007, S. 142). Sie lässt sich anhand von unterschiedlichen Grundannahmen, Werten und Artefakten beobachten (Schein 2010, S. 23 ff.). Das Konstrukt „Kultur" lässt sich auf die Stakeholdersichtweise übertragen. Jones et al. (2007, S. 145) klassifizieren und beschreiben fünf Stakeholderkulturen bezüglich des Umgangs mit stakeholderbezogenen Problemen innerhalb eines Kontinuums (Tab. 5).

<table>
<tr><th>Stakeholder-Kultur</th><th>Moralische Bandbreite</th><th>Relevante Stakeholder</th><th>Eigen- und Fremdinteresse</th></tr>
<tr><td>Agency</td><td>Amoralisch</td><td>keine</td><td>purer Egoismus, nur Eigeninteresse</td></tr>
<tr><td>Corporate Egoist</td><td rowspan="2">Begrenzte moralische Sichtweise</td><td>Shareholder</td><td>Interessen der Shareholder werden berücksichtigt, Glaube an Effizienz des Marktes; Egoismus auf Unternehmensebene</td></tr>
<tr><td>Instrumentalist</td><td>Shareholder und nützliche Stakeholder</td><td>Interessen der Shareholder werden berücksichtigt, Glaube an Effizienz des Marktes; Egoismus auf Unternehmensebene</td></tr>
<tr><td>Moralist</td><td rowspan="2">Erweiterte moralische Sichtweise</td><td>alle normativen[56] und abgeleiteten Stakeholder</td><td>Interessen aller normativen Stakeholder werden geachtet, pragmatischer Umgang mit abgeleiteten (derivativen) Stakeholdern</td></tr>
<tr><td>Altruist</td><td>nur normative Stakeholder</td><td>Interessen aller normativen Stakeholder werden primär geachtet</td></tr>
</table>

Tab. 5: Stakeholderkulturen (nach Jones et al. 2007, S. 145)

Die erste Kultur im Kontinuum ist durch ein starkes Individualinteresse der einzelnen Akteure gekennzeichnet (Agency-Kultur). Darauf folgen zwei shareholderzentrierte Kulturen. Eine der beiden Kulturen stellt die kurzfristige Profitmaximierung in den Vordergrund (Corporate Egoist-Kultur); die andere begünstigt auch strategisch langfristige Entscheidungen, wenn diese den Shareholdern zu Gute kommen (Instrumentalist-Kultur).

[56] Siehe zu normativen und abgeleiteten Stakeholdern Kapitel 3.1.2.

Am anderen Ende des Kontinuums stehen zwei stakeholderzentrierte Kulturen: eine moralische und eine altruistische Stakeholderkultur. Diese beiden Kulturen nehmen davon Abstand, moralische Entscheidungen mit Geld zu bewerten und somit alle Entscheidungen operationalisieren zu können. Eine altruistische Stakeholderkultur eignet sich nicht in einem wettbewerbsorientierten Geschäftsumfeld, da Entscheidungen nur nach moralischen Gesichtspunkten gefällt werden, die u. U. das Überleben des Unternehmens unmöglich machen. Eine moralische Stakeholderkultur wird Standards nur dann verletzen, wenn dies für das Überleben des Unternehmens notwendig ist; im Gegensatz dazu wird ein Unternehmen mit einer „Instrumentalist-Kultur" dies schon bei einem finanziellen Vorteil tun. Für die nachfolgenden Betrachtungen wird der Schwerpunk auf eine „moralische Stakeholderkultur" gelegt. Diese betrachtet die Stakeholder gleichwertig, ohne dabei das Überleben des Unternehmens zu riskieren.

Wie Mitchell et al. (1997)[57] messen auch Jones et al. (2007) Stakeholdern eine unterschiedliche Bedeutung bei. Diese ist jedoch nicht nur abhängig von Macht, Legitimation und Dringlichkeit, sondern auch von der Stakeholderkultur. Eine shareholderzentrierte Stakeholderkultur[58] ist sensibler gegenüber Stakeholdern mit Macht, eine moralische Stakeholderkultur, die stakeholderzentriert ist, räumt legitimen Stakeholdern mehr Bedeutung ein. Dies ist insofern wichtig, als in einer moralischen Stakeholderkultur machtlose, aber legitime Stakeholder Gehör finden können. Für das Erfüllen von Aufgaben im Bereich Nachhaltigkeit ist der Druck, der von Stakeholdern aufgebaut wird, eine wichtige Triebfeder und Motivation (Eweje 2011, S. 134). Häufig sind diese Stakeholder zwar legitime, aber oft keine mächtigen Stakeholder.

Unternehmensreaktionen auf Stakeholderdruck

Stakeholder aus Gesetzgebung und Politik, Kunden, Wettbewerber, Gemeinden oder Aktivisten üben Druck auf das Unternehmen[59] aus. Dieser Druck wird von Unternehmen aufgrund von historischen Gegebenheiten (Lernkurven und Erfahrungen), Wettbewerbsposition, Organisationsstruktur, Kommunikationskanälen oder Informationsquellen unterschiedlich wahrgenommen. Daraus entwickeln sich unterschiedliche Umgangsweisen, z. B. im Umweltmanagement (Delmas und Toffel 2004, S. 216 ff.).

---

57 Siehe Abb. 7 in Kapitel 3.1.2.

58 Diese umfassen die Corporate Egoist-Kultur und die Instrumentalist-Kultur vgl. Tab. 5 sowie Jones et al. 2007.

59 Wie in Kapitel 3.1.2. beschrieben, wird das Unternehmen primär als Kombination der Stakeholder Manager und Mitarbeiter definiert.

Henriques und Sadorsky (1999, S. 96) teilen Unternehmen in vier Gruppen ein, abhängig davon wie sie auf Druck von Stakeholdern reagieren und welche Stakeholder ihnen am wichtigsten erscheinen. Sie identifizieren reaktive, defensive, akkomodative und proaktive Unternehmen bezüglich ihres Umweltengagements. Interessant ist die Feststellung, dass proaktive Unternehmen stärker auf primäre Stakeholder, reaktive Unternehmen hingegen stärker auf Medien reagieren.[60] Die Untersuchung zeigt Parallelen zu Jones et al. (2007). Reaktive Unternehmen scheinen sensibel auf Stakeholder mit Macht zu reagieren; in diesem Falle die Macht der Medien, was auf eine shareholderzentrierte Kultur schließen lässt. Medien können somit eine zentrale Rolle bei der Beeinflussung von Unternehmen zu nachhaltigem Wirtschaften einnehmen. Proaktive Unternehmen reagieren mehr auf primäre Stakeholder sowie NGOs und Wettbewerber und deren Legitimitätsanspruch; darin spiegelt sich eine moralische Stakeholderkultur wider.

Murillo et al. (2008, S. 1237 f.) entwickeln Henriques und Sadorskys Ansatz weiter und gliedern Unternehmen nicht nur anhand ihrer Wahrnehmung von Stakeholderdruck, sondern auch bezüglich ihrer Antwortfähigkeit auf Umweltanforderungen. Sie erkennen vier Kategorien,[61] die abhängig von Umweltzielsetzungen, Instrumentarien zum Umweltschutz, der Benennung von Umweltverantwortlichen und Zertifizierungen sind. Auch hier können wieder Stakeholderkulturen abgeleitet werden. Ihre Untersuchungen zeigen, dass eine intensivere Interaktion mit Stakeholdern zu einer schnelleren und passenderen Antwortfähigkeit führt.[62] Es kann vermutet werden, dass eine moralische Stakeholderkultur eher in einem Unternehmen zu finden ist, das Instrumentarien zum Umgang mit Stakeholderansprüchen entwickelt hat und diese auch aus Überzeugung nutzt.

Offenbar gilt: je größer der Druck der Stakeholder, umso besser wird die Performance des Unternehmens (Kassinsis und Vafeas 2006, S. 155 f.). González-Benito et al. (2011, S. 1627) wiesen nach, dass ein ausgeprägtes Umweltbewusstsein einzelner interner oder externer Stakeholder und ein daraus resultierender Druck auf das Unternehmen eher zu einem Handeln im Einklang mit der Umwelt führt. Oder anders ausgedrückt: Wird Druck ausgeübt, reagiert

---

60 Akkomodative Unternehmen reagieren besonders auf den Druck von Gesetzgebern, während defensive Unternehmen generell sehr träge reagieren.

61 Diese sind: passive response, attention to legislation response, attention to stakeholders response und total environmental quality response.

62 Für eine Studie mit ähnlichem Ergebnis, allerdings auf CSR bezogen, vgl. O'Higgins 2010. Hier werden die Kategorien mit Pragmatic, Engaged, Sceptical, und Idealistic beschrieben. Diese sind abhängig davon, wie stark sich Unternehmen CSR-Themenstellungen verpflichtet fühlen und wie stark CSR-Maßnahmen im Unternehmen verankert sind.

das Unternehmen mit einer gesteigerten Umweltperformance. Wenn ein Umweltmanagementsystem vorhanden ist, dann begünstigt dies die Umweltperformance sogar noch stärker, da ein Empfänger für den von außen entstehenden Druck vorhanden ist (ebd. S. 1628). In Summe wird der Druck zu ökologisch nachhaltigem Handeln durch verschiedene Kanäle im Unternehmen aufgenommen, z. B. über die Rechtsabteilung oder über das Marketing (Delmas und Toffel 2004, S. 215). Dadurch wird Druck von den Managern unterschiedlich erfasst und in die Unternehmensstrategie integriert. Das ist insofern wichtig, als unternehmensexterne Stakeholder ihre Ansprüche an das Unternehmen nicht immer direkt über die Manager geltend machen können. Manager müssen somit sensibel reagieren und die Wahrnehmung von Druck über weitere „Kanäle" ermöglichen.

Wie der Druck innerhalb eines Unternehmens verarbeitet wird, wurde von González-Benito und González-Benito (2006, S. 99) untersucht. Fünf interne und zwei externe Faktoren führen im Zusammenspiel zu unterschiedlichen Ausprägungen von Umweltmanagementaktivitäten. Die internen Faktoren sind Unternehmensgröße, internationale Ausrichtung, Position in der Wertschöpfungskette, Einstellung und Motivation der Manager sowie strategische Ausrichtung. Als externe Faktoren werden Wirtschaftszweig und Unternehmensstandort identifiziert.[63] Nicht alle Faktoren sind dabei von Managern direkt beeinflussbar. Besonderes Potential für nachhaltiges Wirtschaften bieten die Faktoren bezüglich der eigenen Einstellung und Motivation sowie der strategischen Ausrichtung. Somit haben die Einstellungen und die eigenen Wertvorstellungen eines jeden individuellen Stakeholders Einfluss darauf, wie Druck wahrgenommen wird. Wenn ein Manager eine positive Einstellung zu Umweltgruppen hat, dann werden vermutlich auch Schritte zum Umweltschutz unternommen (Henriques und Sadorsky 1999, S. 97).

Unternehmenslogiken

Aus der Stakeholderkultur und wie der Druck von Stakeholdern aufgenommen und verarbeitet wird lassen sich unterschiedliche Unternehmenslogiken ableiten. Crilly und Sloan (2012, S. 1182) definieren drei Logiken, die sich in

---

[63] Damit entwerfen sie einen Prototypen eines im Umweltmanagement proaktiven Unternehmens: Dieses vertreibt seine Produkte direkt an den Endkonsumenten, ist im internationalen Umfeld tätig und wird von umweltbewussten Managern geleitet, die von den Wettbewerbsvorteilen eines ökologisch nachhaltigen Wirtschaftens überzeugt sind. Zudem werden beständig innovative Strategien verfolgt und neueste Produktionsansätze implementiert. Das Unternehmen befindet sich in einem Land mit restriktiver Umweltgesetzgebung, in urbanem Umfeld und ist in einem Wirtschaftszweig angesiedelt, welcher komplexe Produkte produziert und viel Abfall emittiert.

der strategischen Intention der Unternehmen, der Art der Interaktion mit den Stakeholdern und in der diesbezüglichen Beziehungsstruktur unterscheiden.

Unterneh-menslogik	Strategische Inten-tion	Stakeholder-interaktion	Beziehungsstruktur
Firm-Centric	Abschöpfung	Transaktional	spärliches Beziehungsge-flecht
Industry Net-work	Wertschöpfung von Renten durch Bezie-hungen	Transaktional-Relational	moderates Beziehungsge-flecht mit Partnern, die Wertschöpfung fördern
Extended En-terprise	Positiv-Summen-Spiel zum Nutzen des Unternehmens und der Stakeholder	Relational	dichtes Beziehungsgeflecht, aufgebaut auf gemeinsa-men Interessen zwischen Unternehmen und Stakehol-dern

Tab. 6: Unternehmenslogiken[64] (nach Crilly und Sloan 2012, S. 1182)

Die Unternehmenslogik beeinflusst stark, wie viele und wie bedeutend Stakeholder wahrgenommen werden. Das Erkennen und Wahrnehmen von Interdependenzen ermöglicht ein „Positiv-Summen-Denken". Zusätzlich wird die Risikowahrnehmung beeinflusst. Daraus resultiert, ob Strategien eher zur Risikovermeidung oder Chancenergreifung ausgerichtet werden. Eine inhärente Gefahr ist, dass in Unternehmenslogiken ein sich selbst verstärkender Automatismus entstehen kann.

Crilly und Sloan (ebd. S. 1182) definieren Unternehmenslogiken über Machtverteilung, Rollenverständnis und Partizipationsgrad in der Partnerschaft. Stakeholderinteraktionen in einer Unternehmenslogik werden in die Kategorien transaktional und relational unterteilt. Transaktionale Interaktionen sind „quid pro quo". Leistung und Gegenleistung finden in einem engen zeitlichen Rahmen statt und können auch einmalig sein. Relationale Interaktionen sind komplex, langfristig und unbefristet und zeichnen kollaborative Partnerschaften aus (ebd. S 1178).

Beziehungen und Interaktionen der Stakeholder können weiter unterschieden und definiert werden:

64 Im Weiteren werden Unternehmenslogiken vom Autor wie folgt übersetzt: Firm-Centric = firmenzentrische Unternehmenslogik; Extended Enterprise = erweiterte Unternehmenslogik.

- Frooman (1999, S. 199) beleuchtet die Art der Beziehungen des Unternehmens zu den Stakeholdern bezüglich Machtverteilung. Er identifiziert vier Arten von Beziehungstypen, die durch Abhängigkeiten und das daraus resultierende Machtgefälle spezifiziert sind: Macht auf Unternehmensseite, hohe Interdependenz, geringe Interdependenz und Macht auf Stakeholderseite.
- Onkila (2011, S. 385) schlägt in einer neueren Studie eine Einteilung vor, die auch auf dem Rollenverständnis der Stakeholder basiert. Sie benennt vier Varianten: machtbasierte, kollaborative, konfligierende und einseitige Beziehungen. Je nach Art der Beziehung wird die Rolle der Stakeholder definiert als Mitläufer bzw. Einflussnehmer, gleichgestellter Partner, Gegner oder als Empfänger von Leistungen.
- Oxley-Green und Hunton-Clarke (2003, S. 294) unterscheiden Beziehungen nach dem Partizipationsgrad von Stakeholdern. Das Spektrum reicht von Informationsbereitstellung über Beratung bis hin zur aktiven Teilnahme am Entscheidungsprozess. Auch die Häufigkeit der Interaktion, sei es ad hoc oder kontinuierlich, spielt eine Rolle. Dabei wird eine kontinuierliche, aktive Teilnahme des Stakeholders am Entscheidungsprozess mit nachhaltig gefällten Entscheidungen gleichgesetzt.

Die verschiedenen Typen von Stakeholderinteraktionen korrespondieren mit unterschiedlichen Beziehungsausprägungen. So wird etwa eine „erweiterte Unternehmenslogik" vermutlich von hoher Interdependenz und aktiver, kontinuierlicher Interaktion der Stakeholder, die sich als gleichgestellte Partner wahrnehmen, geprägt sein.

Aus den skizzierten Argumentationen lässt sich ein Kreislauf ableiten. Eine bestimmte Stakeholderkultur steht für den Stellenwert, den Stakeholder im Unternehmen haben. Die Stakeholder üben dementsprechend Druck auf das Unternehmen aus. Dieses bzw. deren Manager reagieren auf diesen Druck mit den ihnen zur Verfügung stehenden Instrumentarien und erzeugen damit eine entsprechende Gegenreaktion. Hinter solchen kreisförmigen Abläufen verbergen sich Unternehmenslogiken mit unterschiedlichen strategischen Intentionen. Dabei dürfte eine „moralische" Stakeholderkultur, die eine erweiterte Unternehmenslogik unterstützt, ein nachhaltiges Wirtschaften auf Unternehmensebene am ehesten unterstützen.

Zwischenfazit

Dieses Unterkapitel skizziert Inhalte und Stärken der ST und grenzt diese von anderen Managementtheorien ab. Sie wird als theoretische Grundlage dieser

Untersuchung gewählt, da sie einerseits einen normativen Orientierungsrahmen bietet, der Wirtschaften und Ethik vereint und andererseits instrumentelle Hilfestellung bei der Strategiefindung gibt. Zudem erlaubt sie, Stakeholder nach unterschiedlichen Gesichtspunkten zu gruppieren: Nähe zum Markt, Bedeutung oder Funktion etc. Dabei sollten die Gruppen für ein effektives Management möglichst homogen zusammengestellt sein – wie zum Zweck dieser Untersuchung geschehen. Dennoch muss in Stakeholdergruppen immer von mehr oder weniger divergierenden Zielen und resultierenden Konflikten ausgegangen werden. Da Wertschöpfung von den Beziehungen der Stakeholder zueinander bestimmt wird, ist es die Aufgabe des Managements auf gemeinsame Interessen und Ziele hinzuwirken. Dabei spielen Stakeholderkulturen und daraus resultierende Unternehmenslogiken eine wichtige Rolle.

Nachstehend werden zunächst für die Arbeit relevante Aspekte der Strategieproblematik skizziert und anschließend Strategieansätze im Hinblick auf Stakeholdermanagement und Nachhaltigkeit diskutiert.

3.2. Strategieproblematik

3.2.1. Wesen und Aufgaben von Strategien

Strategien haben ihren Ursprung in der Kriegsführung (Sun 2001) und wurden spezifisch für die Geschäftswelt weiterentwickelt (Eschenbach et al. 2008, S. 19). Strategien werden sehr unterschiedlich interpretiert u. a.

- als Plan, der den Aktionskurs für die Zukunft festlegt,
- als Position im Sinne der Verortung des Unternehmens speziell in der Wettbewerbslandschaft und generell in der Umwelt
- als sich herausbildendes (emergentes) Muster von Entscheidungen (Mintzberg und Waters 1985, S. 269 ff.) oder
- als Perspektive, die den Blick auf die visionäre Ausrichtung des Unternehmens, aber auch auf die mentalen Modelle der Entscheidungsträger und die „dominante Logik" (Prahalad und Bettis 1986, S. 491) des Unternehmens richtet (Mintzberg et al. 1999, S. 22 ff.).

Eine gute Strategie hat nach Rumelt (2012, S. 7) eine essentiell logische Struktur. Diese umfasst eine nüchterne Diagnose, eine handlungsleitende „policy", die spezifiziert, wie die in der Diagnose erkannten Herausforderungen bewältigt werden sollen, und kohärentes Handeln durch koordinierte „policies", klare Ressourcenzuteilungen und zielorientierte Aktionen (ebd. S. 7). Ähnlich lassen sich nach Grant und Nippa (2006, S. 281) in einem profunden Verständnis der Umwelt, insbesondere der Wettbewerbslandschaft und der Märkte, in konsistenten und längerfristigen, aber möglichst leicht kommunizierbaren Zielen, in der nüchternen Einschätzung der Ressourcen-/Kompetenzbasis und ihrer kreativen Weiterentwicklung sowie in einer konsequenten Umsetzung die konstitutiven Elemente einer erfolgreichen Strategie ausmachen. Erfolgreiche Strategien manifestieren sich in erzielten Wettbewerbsvorteilen (Porter 2000, S. 37 ff.) und überdurchschnittlichen ökonomischen Renten (Amit und Schoemaker 1993, S. 44).

Was erfolgreiche Strategien sind bzw. warum Unternehmen trotz Wettbewerb erfolgreich sind, versucht die Strategieinhaltsforschung zu ergründen (Sminia 2009, S. 99 f.).[65] Diese kann mit zwei klassischen Erklärungsansätzen aufwarten: Der Marktperspektive (Market-Based View bzw. MBV) (Porter 1980, S. 3 f.) und der Ressourcenperspektive (Resource-Based-View bzw. RBV) (Barney 1986, S. 1239 f.; Wernerfelt 1984, S. 172 ff.). Während die Marktperspektive, die eine Theorie der Marktmacht impliziert, Unternehmenserfolg aus der Attraktivität und Stärke von Marktpositionen erklärt, begründet die Ressourcenperspektive, die Unternehmen als Bündel von Ressourcen interpretiert (Penrose 2009), Unternehmenserfolg mit dem Besitz und der Kombination einzigartiger bzw. überlegener Ressourcen. Beide Perspektiven ergänzen sich, da attraktive Marktpositionen nur mit überlegenen Ressourcen gehalten werden können und diese wiederum die Voraussetzung für die Eroberung attraktiver Markposition sind (Zahn 2001, S. 4). Die Ressourcenperspektive ist dennoch heute aufgrund ihrer Dynamisierung mit Hilfe des Konstrukts der „dynamic capabilies" (Teece et al. 1997, S. 515 f.) und ihrer Weiterentwicklung zu einer kompetenzbasierten Theorie der Unternehmung (Freiling et al. 2008, S. 1146 ff.) der dominante Erklärungsansatz für Unternehmenserfolg.

Die atomistische Sicht des RBV hat auch eine Ergänzung und damit Weiterentwicklung durch den „Relational View" (RV) (Dyer und Singh 1998) erfahren. Dieser trägt der Tatsache Rechnung, dass Unternehmen in ein Beziehungsgeflecht mit externen Akteuren (Kunden, Lieferanten, Kooperationspartnern, Ergänzern, Unterstützern, usw.) eingebunden sind und daraus zusätzlich Vorteile und Quasi Renten ziehen können. Da Stakeholdermanagement nicht zuletzt auch Beziehungsmanagement ist, bietet die relationale Perspektive einen Ansatz zur Berücksichtigung von Stakeholderinteressen in strategischen Überlegungen. Die Wettbewerbs-, ja Überlebensfähigkeit der Unternehmung ist gefährdet, wenn die Stakeholder ihr die Legitimation verweigern.

---

65 Dagegen geht die Strategieprozessforschung der Frage nach, wie eine Strategie entsteht, vgl. Sminia 2009.

Strategie ist zielbewusste Bündelung von Aktivitäten im Unternehmen und deren Ausrichtung an Markterfordernissen i. e. S. bzw. an Ansprüchen aus dem Aufgabenumfeld i. w. S. Den ersten Aspekt hat Porter (1996, S. 75) trefflich präzisiert: „Strategy is creating fit among a company's activities."

Der zweite Aspekt betrifft ebenfalls ein „fit creating" – einen Brückenschlag zwischen Marktanforderungen und Unternehmensfähigkeiten (Zahn 1992, S. 17). In einer dynamischen Umwelt bedeutet diese Aufgabe laufende Anpassungen an veränderte, häufig überraschend auftretende und deshalb nicht vorhersehbare Umweltbedingungen. Hierzu zählen auch höhere oder neue Stakeholderansprüche. Solche Adaptionen i. e. und i. w. Sinn sind notwendige Bedingungen für eine nachhaltige Koevolution des Unternehmens mit seiner Umwelt. Die hier implizierten Wahrnehmungs-, Diagnose-, Analyse-, Lern- und Führungsprozesse sind Gegenstand des Strategischen Managements. Dieses Verständnis trägt der Sichtweise in dieser Arbeit Rechnung und deckt sich mit dem von Harrison und St. John (Harrison und St. John 1998, S. 4), die Strategisches Management wie folgt definieren:

> „Strategic management is the process through which organizations analyze and learn from the stakeholders inside and outside of the organization, establish strategic direction, create strategies that are intended to help achieve established goals, and execute those strategies, all in an effort to satisfy key stakeholders."

3.2.2. Stakeholderstrategien

Die ST wird nicht als zentrale Theorie in der strategischen Managementliteratur angesehen (Freeman et al. 2010, S. 83 f.). Die Bemühungen um Nachhaltigkeitsstrategien rückt jedoch die ST, welche die Trennung von Wirtschaften und Ethik aufhebt, als einen holistischen Strategieansatz in den Vordergrund. Dieser unterstützt die Forderung von Hahn et al. (2010, S. 393 ff.), Management- und Geschäftsstrategie-Theorien zu überdenken, und in diese soziale, ökologische sowie ethische Herausforderungen zu integrieren. Strategiefindung mittels Stakeholdermanagement bietet die Möglichkeit, über die finanzielle Leistungsfähigkeit hinaus zu entscheiden (Vaara und Durand 2012, S. 252 f.).

Teilstrategien im Sinne von abgestimmten Einzelaktivitäten betreffen gewöhnlich funktionale Strategien (Harrison und St. John 1998, S. 208 ff.), z. B. Beschaffungsstrategie, Personalstrategie, Produktionsstrategie, Marketingstrategie usw. (Arnold 1997; Dillerup und Stoi 2006; Zahn 2007; Kotler et al. 2011). Diese können in ihrer Zielsetzung einzelnen Stakeholdern zugeordnet werden. So fokussieren Beschaffungsstrategien auf Lieferanten, Personalstrategien auf Mitarbeiter, Produktionsstrategien auf unternehmensinterne Stakeholder und Marketingstrategien[66] auf Kunden.

Holistische Strategieansätze, die einzelne Gruppen jedoch nicht als „Stakeholder" bezeichnen, gibt es mehrere. Westkämper bezeichnet diese z. B. als „Nachbarn" (2006, S. 39) oder Delmas und Toffel (2008, S. 1027) als „constituents". Solche Ansätze werden meist aus der MBV[67] oder der RBV[68] abgeleitet und können die ST durch bereits geleistete Vorarbeit bereichern (Freeman et al. 2010, S. 95). Strategien, die sich jedoch direkt auf das Beziehungsmanagement zwischen Stakeholdern konzentrieren sind selten.

Nachfolgend werden einzelne Stakeholderstrategieansätze näher beleuchtet. Dabei wird bewertet, ob die vorgeschlagenen Strategien in einer „moralischen" Stakeholderkultur funktionieren. Diese Strategieansätze betreffen den „Relational View", Unternehmensstrategien nach Freeman, Stakeholderstrategien nach Freeman, Stakeholderstrategien nach Harrison und St. John, Strategien nach Frooman und Strategien nach Suchman.

Relational View

Kern der ST ist das Beziehungsmanagement. Diesbezügliche Strategien sind Mangelware. Helfen können Anleihen beim RV (Dyer und Singh 1998). Analyseeinheit der relationalen Perspektive ist das Netzwerk aus Kunden, Lieferanten, Ergänzern, Unterstützern und anderen Kooperationspartnern. Nach dieser Perspektive können Unternehmen aus ihrer „relational" und „structural" Einbettung (Gulati 1998, S. 296) in derartige Netzwerkbeziehungen zusätzliche Wettbewerbsvorteile und ökonomische (Quasi-)Renten generieren (Zahn et al. 2006, S. 137; Zahn und Foschiani 2002, S. 69; Dyer und Singh 1998, S. 665), und zwar u. a. durch

- gemeinsames Lernen, das wechselseitigen Wissensaustausch fördert,
- Erzeugung von Synergien mittels Kombination komplementärer Ressourcen und Fähigkeiten der Netzwerkpartner,
- Risikoteilung, insbesondere bei risikoreichen Investitionen,

---

66 Ein besonderer Bereich sind hierbei Public-Relations-Strategien: die relevanten Stakeholder können Interessensgruppen oder die Öffentlichkeit im Allgemeinen sein.

67 Porters „Five Forces" 1980 aus der MBV behandelt drei wesentliche Stakeholder: Kunden, Lieferanten und Wettbewerber. Somit können die generischen Strategien Kostenführerschaft, Differenzierung und Fokussierung als Stakeholderstrategien gesehen werden.

68 Besonders Strategien zur dynamischen Kompetenzentwicklung, welche auf der RBV basieren, zielen auf Mitarbeiter und Manager als Stakeholder ab.

- Errichten von Imitationsbarrieren und Ausschließen (Lock-Out) von Konkurrenz (Hax und Wilde, II 1999, S. 18),
- Reduzierung von Transaktionskosten und Steigerung von Transaktionsnutzen durch beziehungsspezifische, vertrauensbildende Investitionen und
- Aufbau von effektiven Governance-Mechanismen und Netzwerkkompetenzen, die den Ruf ökonomisch starker, aber auch sozial und ökologisch verantwortliche Akteure dienen können.

Während Unternehmen nach der Markt- und Ressourcenperspektive ein kompetitives rente-suchendes Verhalten[69] behalten, indem sie eine überlegene Marktposition oder Ressourcenbasis anstreben, sieht die relationale Perspektive ein koopkurrentes, also sowohl kompetitives als auch kooperatives rentesuchendes Verhalten vor.[70] Kooperatives Verhalten ist ein Wesenszug der „moralischen" Stakeholderkultur. Die relationale Perspektive bietet sich mithin für einen Rückgriff für die in dieser Arbeit eingenommene Sicht an.

Unternehmensstrategien nach Freeman

Freeman (1984) benennt in seinem Buch zur ST zwei generelle Strategiebündel: Unternehmensstrategien und Stakeholderstrategien. Die Unternehmensstrategien beinhalten fünf Ansätze, die aber mehr als Kulturenmodell analog Jones (2007, S. 145) zu verstehen sind. Im Mittelpunkt steht die Anzahl der zufriedenen Stakeholder. Die Stockholder-Strategie ist hier nur ein Sonderfall der „Narrow Stakeholder Strategy".

---

69 Zum Begriff rente-suchendes Verhalten vgl. Lado et al. 1997, S. 119.

70 In der Marktperspektive werden Monopolrenten, in der Ressourcenperspektive Ricardorenten und in der relationalen Perspektive zusätzlich Quasi-Renten angestrebt.

Strategiename	Ziel
Narrow Stakeholder Strategy	Nutzenmaximierung für einen oder wenige Stakeholder
Stockholder Strategy	Nutzenmaximierung für Stockholder (bzw. für „finanzielle Stakeholder")
Utilitarian Strategy	Nutzenmaximierung für alle Stakeholder (das Beste für die Meisten)
Rawlsian[71] Strategy	Maximierung des durchschnittlichen Wohlstandes für alle Stakeholder
Social Harmony Strategy	Nutzenmaximierung für die Gesellschaft

Tab. 7: Unternehmensstrategien (nach Freeman 1984, S. 101–107)

Je nach Ziel und Wesen können die Strategien einer shareholderzentrierten oder stakeholderzentrierten Unternehmenskultur zugeordnet werden. Als Ansatz zum Managen von Stakeholderbeziehungen sind sie allerdings wenig geeignet, zumal Kulturen statisch interpretiert werden. Sie werden hier lediglich der Vollständigkeit halber aufgeführt, um die nachfolgend beschriebenen „Stakeholderstrategien" besser von ihnen abgrenzen zu können.

Stakeholderstrategien nach Freeman

Freeman unterscheidet vier Arten von Stakeholdern und ordnet diesen vier generische Stakeholderstrategien in einer Matrix mit den Dimensionen relatives kooperatives Potential und relative kompetitive Gefahr zu. (Freeman 1984, S. 142).

Abb. 8: generische Stakeholderstrategien (nach Freeman 1984, S. 143)

71 Benannt nach dem Philosophen John Rawls und dessen Ethiktheorie Jones et al. 2007.

Swing-Stakeholder sind wichtig in unklaren Situationen. Sie helfen, Regeln zu ändern oder zu schaffen. Die Strategie ist „Change the Rules". Dazu zählen z. B. Gesetzesänderungen oder Änderungen in Abläufen, Meinungen oder Entscheidungsprozessen.

Defensive Stakeholder leisten nicht zwingend einen Beitrag zum Erfolg, können aber aufgrund ihrer Position Erfolge verhindern. Ihnen gegenüber sollte eher eine verteidigende Haltung („defend") eingenommen werden. Um den Status Quo mit defensiven Stakeholdern zu wahren, sollte ihnen das Vorgehen des Unternehmens begründet und diese sogar in Entscheidungsprozesse aktiv eingebunden werden. Das erhöht die Abhängigkeit vom Unternehmen und erweitert die Verantwortung für Entscheidungen auf diese Stakeholder.

Offensive Stakeholder unterstützen bei der Zielerreichung und bergen keine Gefahr, zur Konkurrenz zu werden. „Exploit" lautet hier die Strategieempfehlung. Mithilfe von offensiven Stakeholdern können Prozesse radikal verändert werden, indem deren Zielvorstellungen und Ideen zur Strategieausrichtung genutzt werden. Solche Stakeholder können z. B. auch Interessengruppen sein, die schon immer einen oppositionellen Standpunkt zum Unternehmen eingenommen haben.

Abwartende Stakeholder („hold") sind zunächst nicht wichtig, können aber im Laufe der Zeit eine andere, riskantere Position innerhalb der Matrix einnehmen. Diese Stakeholder sind mit ihrer aktuellen Situation zufrieden, wünschen keine Veränderung und greifen deshalb auch nicht in Entscheidungsprozesse ein. Abwartende Stakeholder benötigten keine besondere Aufmerksamkeit, werden idealerweise in diesem Feld gehalten („Hold Current Position") und, wenn möglich, vor Veränderungsprozessen geschützt. Wichtig ist das Beobachten dieser Stakeholder in turbulenten Umwelten, da sich dadurch ihre Position in der Matrix verändern kann.

Diese generischen Strategien bieten einerseits Hilfestellung beim Einordnen von Stakeholdern, andererseits liefern sie Vorschläge zum Umgang mit diesen. Durch die Unterscheidung der Stakeholder in den Dimensionen relatives kooperatives Potential und relative kompetitive Gefahr bleibt der Ansatz dynamisch und anwendbar für alle Stakeholder. Er bietet Strategieoptionen, die sich mit einer „moralischen" Stakeholderkultur vereinbaren lassen.

Stakeholderstrategien nach Harrison und St. John

Harrison und St. John (1998, S. 61–62) benennen zwei grundlegende Strategien für Unternehmen im Umgang mit Stakeholdern: Buffering und Bridging.

Buffering dient dazu, die Einflussnahme von Stakeholdern gering zu halten und Interaktionen mit ihnen zu begrenzen. Die Stakeholder werden hier in erster Linie beobachtet. Sie bezeichnen Buffering-Taktiken als „traditionelle" Managementtaktiken, die die Auswirkungen der Einflussnahme von Stakeholdern auf das Unternehmen und daraus resultierende Turbulenzen reduzieren sollen.

Bridging hingegen bedeutet ein aktives Beziehungsmanagement bezüglich wichtiger Stakeholder und fördert Gemeinsamkeit und wechselseitige Abhängigkeit. Dazu werden Taktiken vorgeschlagen und von „traditionellen" Managementtaktiken abgegrenzt. Beispiele für solche Taktiken sind das Einbeziehen von Kunden in den Entwicklungsprozess, gemeinsam genutzte Informationssysteme, Merger und gemeinsame Ausbildungsprogramme (ebd. S. 63 f.). Diese Taktiken begünstigen das Bauen von Brücken zwischen den Stakeholdern und fördern die gemeinsame Kontrolle über alle Aktivitäten mit der angestrebten Konsequenz von mehr Transparenz, besserer Kommunikation, höherem Vertrauen und besserer Reputation. Das sind wichtige Aspekte für das Überleben des Unternehmens in komplexen, turbulenten und unsicheren Umwelten (ebd. S. 62 f.).

Beide Strategieansätze erscheinen zunächst als statisch, erfahren aber bei der Anwendung eine gewisse Dynamisierung.[72] Moralische Stakeholderkulturen präferieren Taktiken des Bridging.

Strategien nach Frooman

Einen ähnlichen Vorschlag mit zwei Strategien macht Frooman (1999, S. 196 f.). Diese können von jedem Stakeholder angewendet werden, werden aber nachfolgend als Unternehmensstrategie aus Sicht des Managements bewertet.

- Withholding bezeichnet das Zurückhalten von Leistungen[73] und Ressourcen. Dazu gehören Streiks oder das Einstellen von Lieferungen, um ein gewünschtes Verhalten zu erzwingen.
- Usage benennt eine Kooperationsstrategie, die die Lieferung von Leistungen und Ressourcen an Bedingungen geknüpft, um ein gewünschtes Verhalten der Partner zu motivieren.

Die Strategiewahl wird von bestehenden Abhängigkeiten und Machtverhältnissen der Stakeholder untereinander beeinflusst. Ein Monopolist kann aufgrund fehlender Alternativen die Angebotskonditionen diktieren; Kunden von

---

72 Die von Harrison und St. John 1998 aufgeführten Taktiken sind sehr umfangreich. So benennen sie der Vollständigkeit halber auch fragwürdige Ansätze, welche jedoch als solche gekennzeichnet sind.

73 z. B. Sach- oder Dienstleistungen.

Anbietern auf polypolen Märkten können dagegen Bedingungen bezüglich Qualität oder Lieferung stellen. Da sich die Bedeutung von Stakeholdern über die Zeit ändern kann und sich „schlafende" Stakeholder jederzeit in „bedeutende" Stakeholder wandeln können, ist eine generelle Strategie des „Zurückhalten von Leistungen" im turbulenten Geschäftsumfeld nicht zu empfehlen. In einer „moralischen" Stakeholderkultur bietet sich nur die „Usage"-Strategie an.

Strategien nach Suchman

Die Bedeutung von Stakeholdern hängt von deren Legitimierung (Mitchell et al. 1997, S. 866 f.; Jones et al. 2007, S. 141 f.) ab. Suchman (Suchman 1995, S. 600) schlägt mehrere Strategien zur (1) Erhöhung, (2) Erhaltung und (3) Reparatur[74] von (moralischer) Legitimation[75] vor, die somit auch die Stakeholderbeziehungen verbessern, erhalten oder reparieren können:

(1) Strategien zur Verbesserung von Stakeholderbeziehungen:

- Anpassen an und Abgleichen von Anforderungen der Stakeholder in der Unternehmensumwelt: Darunter wird vor allem Erfüllen der Normvorstellungen der Stakeholder verstanden. In einem pazifistischen Land erfährt ein Unternehmen, das z. B. Lebensmittel produziert, einen höheren Zuspruch als eine Rüstungsfirma.
- Auswählen einer zu den Stakeholder passenden Unternehmensumwelt: Unternehmen, die Güter für den lokalen Markt produzieren, werden eher von lokalen Stakeholdern akzeptiert als fremde Unternehmen. Gemeinsame Ziele lassen sich so eventuell einfacher festlegen, da ein lokales Unternehmen z. B. ein größeres Interesse an örtlichen Umweltschutzprogrammen hat.
- Kontinuierliches Überzeugen der Stakeholder: Legitimation wird durch beständiges Reputationsmanagement erhalten. Bereits erzielte Erfolge des Unternehmens helfen, Befürworter zu halten und zu bestärken sowie neue Stakeholder positiv zu stimmen.

(2) Strategien zum Erhalt von Stakeholderbeziehungen:

- Abschätzen von künftigen Entwicklungen: Durch das Beobachten von Stakeholdern und das Zulassen von unterschiedlichen moralischen Sichtweisen können „blinde Flecken" erkannt werden. So kann der Wunsch von Kunden nach einer „grünen" Lebensweise rechtzeitig von

[74] Im Original: „Gaining", „Maintaining" und „Repairing"

[75] Suchman erörtert noch weitere Strategien für andere Arten von Legitimation, diese werden aber innerhalb dieser Arbeit ausgeklammert.

Unternehmen wahrgenommen und in neuen Produkten umgesetzt werden.

- Absichern der bisherigen Erfolge: Durch den Aufbau eines Reputationskontos kann bei eventuellen Misserfolgen trotzdem die Legitimation erhalten werden. Ein einmalig fehlerhaftes Produkt muss nicht notwendigerweise zur langfristigen Schädigung der Unternehmensreputation führen. Klare Verantwortlichkeiten helfen, dass Stakeholderansprüche und Bedenken adressiert und Beziehungen gefestigt werden.

(3) Strategien zur Reparatur von Stakeholderbeziehungen:

- Entschuldigen und Rechtfertigen: Beeinträchtige Stakeholderbeziehungen sollten adressiert werden, wenn diese den Stakeholdern weiter nutzen sollten. Je nach Ursache sollten Entschuldigungen bei Fehlern oder Erklärungen bei Veränderungen dazu verwendet werden, um die Stakeholderbeziehungen wieder zu normalisieren.
- Auflösen von vorhandenen Strukturen: Wenn beeinträchtigte Stakeholderbeziehungen nicht mehr genutzt werden, sollten diese aufgelöst werden. So werden Prozesse vereinfacht und Verbesserungen initiiert. Beispielsweise können Produktskandale in Unternehmen zu neuen Impulsen im Management oder in Prozessabläufen führen.

Die Strategien zur Reparatur von Stakeholderbeziehungen sollten mit Bedacht gewählt werden, da diese bei häufiger Nutzung Unglaubwürdigkeit erzeugen.

Mit den oben erwähnten Strategien bietet Suchman (1995) ein umfassendes Bündel von Strategieansätzen an, die aufgrund ihrer Vielfalt innerhalb einer „moralischen" Stakeholderkultur Anwendung finden können.

Sonstige Ansätze

Neben den oben aufgeführten Strategiebündeln werden auch Einzelstrategien in der Literatur diskutiert.

So entlehnt Jones (1995, S. 413 f.) eine Strategie aus der Spieltheorie (Brandenburger und Nalebuff 2008, S. 73 ff.). Er schlägt ein „Tit for Tat" als Strategie vor: Ein guter Ruf basierend auf ethischem Verhalten begründet einen Wettbewerbsvorteil. Beispiele für den Vorteil von „Tit-for-Tat" findet er zum Beispiel im Verzicht auf Leiharbeit. Festangestellte Mitarbeiter befinden sich in einer langfristigen Beziehung mit dem Unternehmen. Das Unternehmen ist bereit, den Mitarbeiter mittels Weiterbildungsmaßnahmen zu fördern. Dieser Gewinn von Fähigkeiten des Mitarbeiters kommt dem Unternehmen z. B. in einer höheren Produktqualität zu Gute. Ebenso wird das Vertrauen der Mitarbeiter gestärkt und die Loyalität zum Unternehmen erhöht.

Die Strategie, einen intensiven Stakeholderdialog zu führen, begünstigt strategisches Lernen und kann strategische Früherkennung unterstützen (Zahn et al. 2010, S. 96 ff.).

Die diskutierten Ansätze werden in nachstehender Tabelle 8 auf ihre Eignung für das Beziehungsmanagement und auf das Angebot von Strategiealternativen bewertet. Strategiealternativen liegen vor, wenn ein Manager aus unterschiedlichen Möglichkeiten wählen kann.

Strategieansatz	**Geeignet für Beziehungsmanagement**	**Strategiealternativen**
RV	Ja	Ja (aus Kombination von MBV/RBV-Ansätzen)
Unternehmensstrategien nach Freeman	Statisch, nein	Nein, Klassifizierung
Stakeholderstrategien nach Freeman	Ja	Ja
Stakeholderstrategien nach Harrison/St. John	Ja	Nein, (aber Vorschlag von Taktiken)
Strategien nach Frooman	Nein	Ja
Strategien nach Suchman	Ja	Ja
Tit vor Tat	Ja	Nein
Strategisches Lernen	Ja	Nein

Tab. 8: Bewertung der Strategieansätze

3.2.3. Exkurs: Nachhaltigkeitsstrategien

In der Nachhaltigkeitsliteratur werden Nachhaltigkeitsstrategien diskutiert, die häufig nur die ökologische Dimension der Nachhaltigkeit berücksichtigen. Diese werden nachstehend kurz skizziert und kritisch reflektiert. Dabei kann zwischen Strategien auf makroökonomischer Ebene und mikroökonomischer Ebene unterschieden werden. Strategien auf der makroökonomischen Ebene betreffen z. B. die Steuergesetzgebung (Lawn 2010, S. 933 ff.), Cap & Trade-Ansätze (Krugman 2012) und Postwachstumsstrategien (Jackson 2009, S. 103 ff.). Diese werden hier nicht weiter betrachtet.

Auf Unternehmensebene können Ansätze zu Nachhaltigkeitsstrategien in zwei Kategorien eingeteilt werden:

- Erweitern von bestehenden Strategieansätzen um ökologische Aspekte oder
- Ausarbeiten von Unternehmensmerkmalen, die Nachhaltigkeit begünstigen.

In die erste Kategorie fällt z. B. die Erweiterung des Resource-based-View zum „natural resource based view" von Hart (1995, S. 991 ff.) um die Komponente „Umwelt/Ökologie". Er nennt drei notwendige Fähigkeiten zum Erhalt von Wettbewerbsvorteilen: Abfallvermeidung, Produktverantwortung und nachhaltige Entwicklung. Um diese Fähigkeiten zu verwirklichen werden Schlüsselressourcen benannt: kontinuierlichen Verbesserung der Produktion, Stakeholderintegration und geteilte Visionen (ebd. S. 992). Diese führen zu Wettbewerbsvorteilen:

- eine Verbesserung von Energie- und Ressourceneffizienz in der Produktion führt zu sinkenden Emissionen und geringeren Kosten,
- die Zusammenarbeit mit Stakeholdern hilft, Kostenpotentiale über die Produktlebenszeit zu heben und somit einen Wettbewerbsvorsprung zu erzielen
- geteilte Visionen sichern die Wettbewerbsposition in der Zukunft. Ziel ist, eine nachhaltigen Entwicklung zu fördern und Unternehmenswachstum von Umweltbelastungen zu entkoppeln.

Orsato (2006, S. 131) führt vier generische Strategien an:

- Öko-Effizienz: Niedrige interne Kosten durch effiziente Organisationsstrukturen, geringen Material- und Energieeinsatz und bessere Ressourcennutzung führen zu einem Wettbewerbsvorteil.
- Beyond Compliance Leadership: Differenzierung vom Wettbewerb in den organisationalen Abläufen mittels Zertifizierung und freiwillige Initiativen eröffnen Chancen zu Wettbewerbsvorteilen.
- Öko-Branding: Differenzierung in den Produkten mit Labels wie „Öko" und „Bio" versprechen Wettbewerbsvorteile. Voraussetzung ist, dass der Kunde bereit ist, für das Produkt mehr auszugeben, dass die Informationen über das Produkt verlässlich sind und dass wirksame Imitationsbarrieren existieren.

- Environmental Cost Leadership: Hybride Leistungsbündel bieten Potential für Innovationen und niedrige Preise. Dabei stehen Dematerialisierung und Substitution von umweltschädlichen Materialien im Mittelpunkt.

In die zweite Kategorie, Merkmale für nachhaltige Unternehmen, fallen folgende Ansätze:

González-Benito et al. (2011, S. 1627 f.) untersuchten verschiedene Aspekte, die eine bessere Umweltperformance signalisieren. So verbessern das Vorhandensein eines Umweltmanagers, eine gute finanzielle Performance und die Zugehörigkeit zu einer „schmutzigen" Branche[76] die Umweltperformance eines Unternehmens. Der letzte Aspekt erfordert eine besondere Sensibilität der Unternehmen gegenüber ökologischen Anforderungen.

Bansal (2005, S. 210 ff.) identifiziert ebenfalls Aspekte, die die Umweltperformance verbessern können. Sie identifiziert internationale Erfahrung, Nachahmung und Medienbeachtung als „Enabler" von Nachhaltigkeit. Multinationale Firmen benennen meist einen Gesamtverantwortlichen für Umwelt-, Gesundheit- und Sicherheitsfragen; somit werden Erfahrungen grenzüberschreitend ausgetauscht. Die Nachahmung von Marktführern führt ebenfalls zur Anwendung von Umweltstandards, die wiederum die Umweltperformance verbessern. Medienbeachtung erhöht die Sichtbarkeit der Unternehmen in der Öffentlichkeit, welche einen direkten Einfluss auf die Reputation des Unternehmens haben kann. Dies fördert wiederum die Bereitschaft zur Compliance bezüglich Umweltauflagen und – anforderungen.

Hofmann et al. (2012, S. 542) identifizieren drei Fähigkeiten, die Unternehmen in die Lage versetzen, „grüner" im Sinne von ökologisch nachhaltiger zu werden. Das sind Fähigkeiten zur

- Anwendung umweltverträglicher Technologien,
- Zusammenarbeit mit Kunden und Lieferanten und
- Innovation i. w. S.

Auch Methoden, Konzepte oder Taktiken werden als Synonyme für Nachhaltigkeitsstrategien angeführt. Dyckhoff (2008, S. 49) benennt Entstofflichung, Entschleunigung, Entflechtung und Energieeffizienzsteigerung als wirksame

[76] Unternehmen in „schmutzigen" Branchen sind sich ihres ökologischen Fußabdruckes eher bewusst als z. B. Dienstleistungsunternehmen. Der direkte Zusammenhang zwischen Produktion und Verschmutzung erhöht laut González-Benito et al. 2011 die Motivation zu einer besseren Umweltperformance.

Hebel zur Umsetzung von Effizienz-, Konsistenz- und Suffizienzstrategien und damit zu mehr ökologischer Nachhaltigkeit.[77]

Zwischenfazit

Die vorstehende Diskussion zeigt, dass sich das Nachhaltigkeitsverständnis mit dem Strategieverständnis vereinbaren lässt. Unternehmen können mit ökologisch verträglichem Handeln und Leistungen i. S. v. „creating shared value" (Porter und Kramer 2011, S. 66) durchaus Wettbewerbsvorteile realisieren und ihre Wettbewerbsfähigkeit nachhaltig stärken. Begründungen für das Erfolgspotential solcher Strategien lassen sich aus der Marktperspektive wie aus der Ressourcenperspektive und hier insbesondere in Verbindung mit der relationalen Perspektive ableiten.

Anleihen für ein um soziale und ökologische Aspekte erweitertes nachhaltigkeitsbezogenes Strategieverständnis können auch in der Stakeholdertheorie gemacht werden. Von den hier angeführten Strategieansätzen erweisen sich allerdings nur die Stakeholderstrategien nach Freeman (1984, S. 142) und die auf Legitimation fokussierenden Strategien nach Suchman (1995, S. 600) als theoretische Basis für die vorliegende Untersuchung als geeignet. Eine diesbezügliche Fundgrube bieten nicht zuletzt verschiedene Ansätze zu ökologischen Nachhaltigkeitsstrategien, und zwar insbesondere die generischen Strategien nach Orsato (2006, S. 131) und die konzeptionellen Ansätze von Dyckhoff (2008, S. 49).

3.3. Forschungslücke

Aus den Diskussionen in Kapitel 2 und 3 lassen sich Forschungslücken bezüglich Nachhaltigkeitsverständnis in kleinen und mittleren Unternehmen (KMU), Integration des Nachhaltigkeitspostulats in Geschäftsstrategien generell und speziell auf KMU fokussiert identifizieren.

Nur wenige Studien liegen zu Unternehmen und Nachhaltigkeit vor, (z. B. Langer 2011), und das Forschungsfeld KMU und Nachhaltigkeit liegt noch weitgehend brach. In einzelnen Studien (Schäfer 2012; Behringer und Meyer 2011) wird zumindest auf eine Differenzierung zwischen großen und kleinen Unternehmen eingegangen. Häufig werden jedoch die Lösungsvorschläge für große unreflektiert auf kleine Unternehmen erweitert (Kerr 2006, S. 36 f.). Die spezifischen Merkmale von KMU und nicht zuletzt der Umstand, dass sich kleine Unternehmen eine Nachhaltigkeitsabteilung schlicht nicht leisten können, bleiben außen vor.

---

77 Einen guten Einstieg in diverse Methoden bieten Glavič und Lukman 2007.

KMU werden in zweifacher Hinsicht vernachlässigt. Zum einen hat sich die betriebswirtschaftliche Forschung mit ihnen theoretisch kaum befasst, zum anderen finden ihre Akteure im Nachhaltigkeitsdiskurs keine explizite Berücksichtigung. Die einschlägige Forschung differenziert häufig nicht zwischen großen und kleinen Unternehmen und wendet die im Kontext von Großunternehmen entwickelten Thesen, Modelle und Konzeptionen dementsprechend undifferenziert auf KMU als „kleine Großunternehmen" an. Das ist generell unzureichend, speziell im Nachhaltigkeitsdiskurs, da die Nachhaltigkeitsproblematik in KMU offenbar anders wahrgenommen wird als in großen Unternehmen (Menzel und Günther 2011, S. 89).

Die sich hier ergebende Forschungslücke ist zwar erkannt, aber noch lange nicht geschlossen. An Forderungen und Ansätzen dazu mangelt es nicht. So fordern Freeman et al. (2010, S. 290)eine Ausweitung der ST explizit auf KMU. Im Nachhaltigkeitsdiskurs dominiert die ökologische Perspektive, wie die vorgestellten Nachhaltigkeitsstrategien zeigen. Rabbe und Schulz (2011a, S. 72 ff.) legen zwar eine erste Skizze zu einem ganzheitlichen und strategischen Nachhaltigkeitsmanagement vor, geben aber noch keine konkreten Realisierungshinweise. Achtenhagen und Brunninge (2011, S. 136 ff.) plädieren für dynamische Geschäftsmodellanpassungen zur Sicherung der unternehmerischen Nachhaltigkeit in KMU. Bode und Lortz (2011, S. 150 ff.) empfehlen die Realisierung von Nachhaltigkeitsmanagement mittels Cluster-Kooperation.

Diese und andere Studien liefern wichtige Beiträge zu einem besseren Verständnis der Nachhaltigkeitsproblematik in KMU. Sie lassen aber eine diesem Verständnis förderliche Integration von Aspekten der Stakeholdertheorie vermissen.

Die vorliegende Arbeit hat deshalb das Anliegen:

- Gewinnen tieferer Einsichten in das Nachhaltigkeitsverständnis von KMU,
- Beleuchten der Beziehungen zwischen KMU und ihren Stakeholdern aus der Perspektive der ST,
- Ableiten von Strategieimplikationen aus dieser integrierten Sicht.

4. Vorgehen und Methoden

Dieses Kapitel erörtert die verwendeten Methoden. Diese umfassen Fallstudien mit einem fokussierten, leitfadengestützten Interview. Ebenso wird das Vorgehen in der Auswertung näher beschrieben. Das Kapitel schließt mit einer Kritik der verwendeten Methoden.

4.1. Qualitative Forschung

Abhängig vom Ziel der Untersuchung, der Forschungsfrage und dem Untersuchungsgegenstand, wird empirische Forschung qualitativ oder quantitativ durchgeführt (Bortz und Döring 2006, S. 296 ff.; Mayer 2006, S. 25).[78] Mayring (2008, S. 20) erachtet qualitative Forschung als notwendig, um sinnvolle quantitative Fragestellungen zu stellen. Er sieht den Forschungsprozess als linearen Ablauf eines Phasenmodells, in dem qualitative Analysen Fragestellungen aufwerfen, die im weiteren Schritt quantitative oder qualitative Instrumente zur Beantwortung nutzen und schließlich in eine qualitative Interpretation der Ergebnisse mündet.

Diese Arbeit konzentriert sich auf den Entwurf von Strategieimplikationen. Dabei wird ein breites Set von Aussagen zum Ableiten von Schlussfolgerungen benötigt. Deswegen dürfen Antworten nicht a priori vorgegeben und somit von Beginn an eingeschränkt werden. Aus diesem Grunde wird ein qualitatives Vorgehen zur Datenerhebung gewählt.

Ein solches Vorgehen ermöglicht es, mehrere Datenquellen, z. B. Interviews, Daten von Homepages etc., zu verwenden und zu triangulieren (Leedy und Ormrod 2005, S. 107; Yin 2003, S. 100). Eine Standardisierung dieser Daten in ein einheitliches Format ist im Gegensatz zur quantitativen Forschung nicht notwendig (Bortz und Döring 2006, S. 297). Die offene Struktur der vorliegenden Untersuchung ermöglicht es, bisher unbekannte Aspekte im Datenmaterial zu entdecken.

Für die qualitative Forschung gibt es unterschiedliche Ansätze, die aber nicht alle für die in Kapitel 1 postulierte Forschungsfrage geeignet sind. So kann z. B. ein Experiment durch die fehlende Möglichkeit einer Variablenbeeinflussung und der Komplexität des Untersuchungsgegenstandes nicht vorgenommen werden. Auch sind Analysen bereits vorhandener Dokumente aufgrund schwer zugänglicher, veralteter und oft nicht vorhandener Daten unmöglich. Langzeitbeobachtungen können die Diversität der Untersuchungsobjekte

78 Die Streitfrage, ob qualitative oder quantitative Forschung die „bessere" sei, wird in dieser Untersuchung ausgeklammert, da dies bereits ausführlich ohne Ergebnis diskutiert wurde. Vgl. dazu Bortz und Döring 2006 oder Albers 2007, S. 33.

und des Untersuchungskontextes nicht ausreichend erfassen. Die Fallstudie, eine verbreitete Methode der qualitativen Forschung, bietet sich hier an (Leedy und Ormrod 2005, S. 108; Eisenhardt 1989, S. 533 f.). Sie betrachtet ein Untersuchungsobjekt in seinem Kontext, und zwar besonders dann, wenn Übergänge zwischen Kontext und Untersuchungsobjekt nicht offensichtlich sind (Yin 2003, S. 13). Die Art der Forschungsfrage, die fehlende Möglichkeit einer Einflussnahme auf die Untersuchungsvariablen und der Aktualitätsanspruch der Ergebnisse begünstigen die Fallstudie für die vorliegende Untersuchung (Yin 2003, S. 5). Albers (2007, S. 36) ergänzt in diesem Zusammenhang: „Sie bleibt nicht auf statische Momentaufnahmen [...] beschränkt, sondern erlaubt es, Entwicklungen, Prozessabläufe und Ursache-Wirkungs-Zusammenhänge nachzuvollziehen sowie praktisch relevante, datenbasierte Aussagen zu treffen."

4.2. Vorgehen

Um ein strukturiertes Vorgehen der Untersuchung zu gewährleisten, wird der Untersuchungsprozess nach Eisenhardt (1989, S. 533) „Theoriebildung durch Fallstudien" gewählt. Danach werden in acht Schritten Modelle oder Theorien hergeleitet:[79]

1. Forschungsfrage explizieren,
2. Fallbeispielen auswählen,
3. Instrumente bestimmen,
4. Daten erheben,
5. fallspezifische Daten und fallübergreifenden Muster analysieren,
6. Modell formulieren und ergänzen (iterativer Prozess),
7. Literaturabgleich durchführen,
8. Resümee ziehen.

Die in Kapitel 1 gestellte Forschungsfrage bietet die Möglichkeit, die Untersuchung auf eine qualitative Erhebung auszurichten (Yin 2003, S. 5; Leedy und Ormrod 2005, S. 54 f.).

Die Fallauswahl und -analyse zielt darauf ab, den größten Beitrag zur Erweiterung vorhandener Theorien und Modellen zu leisten. Ein zu homogenes Sample erschwert u. U. die Analyse und das Erkennen von neuen Mustern (Eisenhardt 1989, S. 537). Es werden deshalb, wenn möglich, auch bewusst

[79] Auflistung übersetzt und angelehnt an Eisenhardt 1989, S. 533.

Fälle mit Untersuchungsobjekten gewählt, die besondere Ausprägungen besitzen. In der vorliegenden Untersuchung sind dies besonders kleine oder große KMU oder Unternehmen mit einer außergewöhnlichen Rechtsform.

Zur Datenerhebung eignen sich Instrumente, die Daten qualitativ wie quantitativ erfassen. Beide Datenarten sollten sich ergänzen. Qualitative Interviews haben explorativen Charakter, sind von Zwängen der Standardisierung befreit und bieten dem Interviewer die Möglichkeit, Sachverhalte zu hinterfragen (Prüfer und Rexroth 1996, S. 103).

Für die Studie werden primär aufgezeichnete Interviews, ergänzt durch Unternehmensportraits auf Homepages und in Unternehmensprospekten, ausgewertet. Um Wahrnehmungsverzerrungen durch eventuell auftretende disruptive Ereignisse zu vermeiden, wurde die Datenerhebung zügig durchgeführt. Damit kann der Interviewkontext homogen gehalten werden. Bei Bedarf wurden für die Datenerhebung Anpassungen und Ergänzungen am Fragebogen vorgenommen (Eisenhardt 1989, S. 539).

Die Datenanalyse findet in mehreren Stufen statt. Zunächst werden die erhobenen Daten fallspezifisch analysiert. Danach werden fallübergreifende Analysen vorgenommen. Diese Erlauben die Aggregation der vorhandenen Daten zu Einzelaussagen und Teilmodellen. Ein Analyseablaufschema fördert eine strukturierte und nachvollziehbare Auswertung.

Der Prozess der Datenanalyse ist iterativ. Aus aggregierten Daten und den Beziehungen der Daten zueinander werden Gesamtaussagen abgeleitet. Im vorliegenden Fall wird ein Kategoriensystem zur groben Strukturierung anhand des Fragebogens verwendet. In der Datenanalyse werden die Ergebnisse mit der vorhandenen Literatur abgeglichen und Gemeinsamkeiten bzw. Abweichungen diskutiert. Somit werden Ergebnisse bestätiget, aber auch weiterer Forschungsbedarf aufgezeigt.

Damit ist der Prozess der Modellbildung abgeschlossen. Ravenswood (2011, S. 684 f.) bestätigt die zunehmende Akzeptanz dieser Vorgehensweise in der Management- und Strategie-Forschung.

4.3. Instrumente zur Datenerhebung

4.3.1. Fallstudie

Wie eine Fallstudie aussehen sollte, zeigt Yin (2003, S. 21). Er ergänzt damit Eisenhardts Prozess um methodische Elemente zum Fallstudiendesign. Diese Elemente sind: Forschungsfrage, Ziel der Untersuchung, Analyseeinheiten, Auswertungsregeln und Dateninterpretation Die ersten beiden Punkte wurden bereits in den Kapiteln 1.1. und Kapitel 1.2. erläutert. Nachfolgend wird die Fallkonstruktion mit ihren Analyseeinheiten näher beleuchtet. Die Auswertungsregeln und das Vorgehen zur Dateninterpretation werden in Kapitel 4.5. dargestellt.

Der klassische Fall einer „Single Unit Single Case"-Fallstudie, in der ein extremes oder einzigartiges Beispiel anhand einer Variable dargestellt und erläutert wird, ist für diese Untersuchung nicht hinreichend. Auch Gläser und Laudel (2010, S. 94) empfehlen deshalb, Vergleichsstudien einer Einzelfallstudie vorzuziehen. Yin (2003, S. 40) schlägt als Alternative ein Forschungsdesign mit mehreren Fällen und mehreren Analyseeinheiten vor.

In der hier entstehenden Untersuchung werden einzelne Unternehmen als Fälle betrachtet. Die mit unterschiedlichen Erhebungsmethoden (Interviewaussagen, Unternehmensdaten aus dem Internet, Unternehmensprospekte) gewonnenen Daten werden in den einzelnen Fällen ergebnisspezifisch kombiniert und ausgewertet. Die erzielten Ergebnisse eignen sich zur Darstellung des Fallkontexts.

Die optimale Anzahl der Fälle innerhalb einer Studie ist umstritten. Da es sich nicht um eine quantitative Untersuchung handelt und keine statistische Repräsentativität angegeben werden kann, ist es auch nicht notwendig, eine Stichprobe aus der Grundgesamtheit aller als Erkenntnisobjekt in Frage kommenden Unternehmen zu ermitteln. Die Anzahl der Fälle sollte jedoch groß genug sein, um Redundanzen im Untersuchungsmaterial zu ermöglichen. Solche Redundanzen oder Wiederholungen deuten eine Sättigung in den Dateninhalten an und gewährleisten eine inhaltliche Repräsentativität (Eisenhardt 1989, S. 545; Mayer 2006, S. 38). Um diese zu erreichen, gibt es zwei Vorgehensweisen: Vorabfestlegung und theoretisches Sampling. In der Vorabfestlegung werden vor Beginn der Datenerhebung die zu untersuchenden Objekte anhand ihrer Charakteristika definiert. Beim theoretischen Sampling ergibt sich die Größe der Stichprobe erst im Laufe der Untersuchung. Wenn sich Redundanzen in gewonnen Aussagen häufen wird die Datenerhebung abgeschlossen, weil von einer Sättigung in den Dateninhalten ausgegangen wird. Eisenhardt schlägt vier bis zehn Fälle pro Untersuchung vor. Weniger Fälle erschweren die Bildung von komplexen Theorien, mehr führen zu einer Unübersichtlichkeit des Materials. Yin (2003, S. 47) bestätigt diese Anzahl in seinen Untersuchungen, lässt aber die Zahl nach oben generell offen.

Die vorliegende Untersuchung besteht aus 12 Fällen. Diese Anzahl hat sich erst im Laufe des Erhebungszeitraums ergeben. Durch ein strukturiertes Vorgehen in den Interviews und wegen nur begrenzt verfügbaren anderweitigen Daten war es angebracht, eine größere Fallzahl als die von Eisenhardt vorgeschlagenen zehn Fälle zu analysieren.

Jede Fallstudie untersucht ein Unternehmen. Zur Beschreibung der ausgewählten Unternehmen wurden bis zu drei Instrumente verwendet: Experteninterview, Daten der Unternehmenshomepage und Unternehmensprospekte (soweit vorhanden). Die Triangulation der Daten aus Interviews, Internet und Prospekten ermöglichte es, ein umfassendes Bild des Unternehmens zu beschreiben (Yin 2003, S. 97).

In jeder Fallstudie wurden zunächst allgemeine Unternehmensdaten und wichtigste Merkmale erfasst. Dazu zählen, soweit es die Anonymisierung der Fälle zulässt, folgende Angaben:

- Rechtsform,
- Größe (Umsatz, Mitarbeiter etc.),
- Produkt & Produktion (Branche) und
- sonstige Kennwerte (z. B. Ausbildungsquote, etc.).

Ziel der Fallstudienuntersuchung ist es, Material zur hinreichenden Beantwortung der gestellten Forschungsfrage zu gewinnen.

4.3.2. Interview

Eine Methode der Datenerhebung ist das Experteninterview.

> „,Experte' beschreibt die spezifische Rolle des Interviewpartners als Quelle von Spezialwissen über die zu erforschenden sozialen Sachverhalte. Experteninterviews sind eine Methode, dieses Wissen zu erschließen" (Gläser und Laudel 2010, S. 12).

Das informationsermittelnde Interview wird im Rahmen der qualitativen Datenerhebungsmethoden der „qualitativen Befragung" zugeordnet (Bortz und Döring 2006, S. 308) und bietet eine relativ hohe Datengenauigkeit und große Datenerhebungsmengen (Kaya 2007, S. 54). Die Vor- und Nachteile einer persönlichen Befragung sind vielfältig (Kaya 2007, S. 52 ff.). Sie bietet die Möglichkeit, dass der Interviewpartner sich spontan äußern und der Interviewer flexibel darauf reagieren kann. Durch eine mögliche persönliche Beziehung zwischen Interviewer und Interviewtem können gemachte Äußerungen detaillierter und direkter ausfallen als in einer schriftlichen Befragung (Bortz und Döring 2006, S. 314). Zusätzlich bietet eine persönliche Befragung im Vergleich zu anderen Befragungen eine relativ hohe Erfolgsquote, und zwar durch eine kontrollierte Befragungssituation, die Rückfragen erlaubt. Zudem wird ermöglicht, ergänzende Materialien spontan einzubinden. Allerdings stehen diesen Vorteilen ein höherer Zeitaufwand, eine mögliche Beeinflussung des Interviewpartners durch den Interviewer und die fehlende Anonymität als Nachteile gegenüber (Broda 2006, S. 31). Vermeidung bzw. Reduzierung dieser Nachteile erfordern gut geschulte Interviewer. Es wird auch vorgeschlagen, mehrere Interviewer pro Interview einzusetzen (Gläser und Laudel 2010, S. 154). Davon wurde hier jedoch Abstand genommen, da das Interview mittels Diktiergerät aufgezeichnet wurde und Beobachtungen von Mimik, Gestik etc. keine Relevanz für das Forschungsprojekt haben.

In der vorliegenden Untersuchung wurden halbstandardisierte Interviews nach einem Leitfaden, in denen die Fragenreihenfolge vorgegeben ist, Fragewortlaut und die Antwortmöglichkeiten jedoch offen gehalten worden sind, durchgeführt. Obwohl die Hauptfragen in einer bestimmten Reihenfolge gestellt wurden, flossen statistische Fragen, die Kontextinformationen des Unternehmens abfragen (Umsatz, Mitarbeiter, Ausbildungsquote, Frauenquote usw.), in einer nicht fixierten Reihenfolge in die Befragung ein und wurden von der Interviewerin an passender Stelle oder am Schluss des Interviews gestellt (Gläser und Laudel 2010, S. 41 f.). Zusätzlich hat das durchgeführte Interview auch Bestandteile eines fokussierten Interviews, da die Abfrage von Informationen in zwei Abschnitten anhand von Karten[80] gesteuert wurde (Bortz und Döring 2006, S. 315; Hopf 2009, S. 353; Broda 2006, S. 113). Solche fokussierten Interviews gelten dabei als Sonderform von halbstandardisierten Interviews. Sie werden eingesetzt, um „die Themenreichweite zu maximieren und den Befragten die Chance zu geben, auch nicht antizipierte Gesichtspunkte zur Geltung zu bringen" (Hopf 2009, S. 354).

Der Interviewleitfaden ist wie folgt aufgebaut:

- Bemerkungen zum Interview,
- Daten zum Interview (Unternehmen und Gesprächspartner),
- allgemeine Fragen und
- offene Fragen.

Der Interviewleitfaden befindet sich in Anhang 1.

4.3.3. Fragendesign

Die Fragen im Interviewleitfaden erfüllen folgende Eigenschaften (Gläser und Laudel 2010, S. 131 ff.):

---

80 Siehe dazu 4.3.3. Punkt 4, sowie Anhang 3.

- Die Fragestellung ist so offen wie möglich und so geschlossen wie nötig. Dichotome Fragen, die ein „Ja" oder „Nein" implizieren, wurden unterlassen, um die Redebereitschaft des Interviewpartners nicht einzuschränken. Unterstellungen in der Fragestellung wurden vermieden.
- Die Fragestellung ist neutral gehalten und suggeriert keine Antwort (Suggestivfragen). Sie ist deskriptiv bzw. explorativ gehalten. Heikle Meinungsfragen wurden vermieden, da sie keinen Erkenntnisgewinn versprechen.
- Die Fragen sind klar formuliert. Einleitungssätze werden, falls nötig, ergänzt, Fremdwörter vermieden oder erklärt. Spezifische Sprache aus der Wissenschaftswelt wird in die Alltagssprache übersetzt.
- Die Fragen sind einfach gehalten. Multiple Fragen, die mehr als einen Gegenstand pro Frageeinheit ansprechen, werden in mehrere Fragen aufgeteilt.

Fragen können funktional sein und so den Gesprächsverlauf strukturieren (Einleitungs-, Überleitungs- und Filterfragen) oder die Antwort steuern (Erzählanregung oder Detailfrage). Sie können natürlich auch nach inhaltlichen Aspekten geordnet werden, z. B. in Fakt- oder Meinungsfragen bzw. in hypothetische oder realitätsbezogene Fragen (Gläser und Laudel 2010, S. 122 ff.). Die Beurteilung der Fragen nach den oben genannten Kriterien befindet sich in Anhang 2. Nachstehend werden die Inhalte der offenen Fragen erläutert.

Frage 1 versucht als Einleitungsfrage zunächst unbelastet von den nachfolgenden Fragen das Thema Nachhaltigkeit zu definieren. Damit wird für die Gesprächsdauer ein gemeinsames Verständnis zur Nachhaltigkeit der Gesprächspartner und dem Interviewer erreicht. Gleichzeitig stimmt die Eingangsfrage den Interviewpartner auf alle weiteren Fragen mit Nachhaltigkeitsbezug ein. Für einzelne Fallstudien ist es zunächst unwichtig, ob die jeweiligen Nachhaltigkeitsinterpretationen übereinstimmen. Die Qualität der Eingangsfrage ist nicht zuletzt wegen ihrer Relevanz zur Beantwortung der Forschungsfrage wichtig.

Frage 2 zielt auf die Verteilung von Managementverantwortung ab. Mit ihr wird versucht, einen Einblick in die Aufbau- und Ablauforganisation des Unternehmens zu bekommen. Gleichzeitig wird erfragt, ob der Gesprächspartner Einfluss auf Nachhaltigkeitsverhalten im Unternehmen nehmen kann. Die Frage filtert somit, ob und inwieweit der Interviewpartner zu kompetenten Antworten im weiteren Verlauf des Interviews befähigt ist.

Frage 3 klärt, wie lange sich das betroffene Unternehmen schon mit dem Thema Nachhaltigkeit beschäftigt hat. Aus ihrer Beantwortung lässt sich ableiten, ob Nachhaltigkeit als Mode mitgemacht wird oder tiefer in der Unternehmensstrategie verwurzelt ist.

Der vierte Punkt im Interviewleitfaden ist keine Frage, sondern eine Handlungsaufforderung zum Verteilen von 20 Karten. Diese repräsentieren eine Zusammenfassung der 49 Kernkennzahlen und der 30 zusätzlichen Kennzahlen aus dem Berichtsleitfaden der GRI[81]. Diese Verdichtung wurde aufgrund der knappen Interviewzeit als notwendig erachtet. Die GRI-Kennzahlen und ihre Verdichtung sind in Anhang 3 ersichtlich. Der Interviewpartner konnte die 20 Karten zu Nachhaltigkeitsaspekten auf Felder mit der Kennzeichnung „Wichtig/Priorität", „Relevant" und „Nicht Relevant/Gelöst" ablegen. Mit diesen drei Möglichkeiten wird der Interviewte zu strukturierten Antworten animiert.[82] Er soll zum Ausdruck bringen, inwieweit er die auf der Karte angesprochene Themenstellung in der Strategiefindung berücksichtigt.[83] Der Gesprächspartner wird darauf hingewiesen, dass die Karten nicht vorsortiert sind und dass er später im Interview noch genügend Zeit zur Kommentierung bekommt.

Frage 5 gibt dem Gesprächspartner die Möglichkeit, das Themenfeld der Nachhaltigkeit zu erweitern. Dazu erhält er zwei Blankokarten, die er benennen und ebenfalls auf den zuvor genannten Feldern zuordnen kann.

Die Frage 6 wird mehrmals gestellt. Zu jeder gelegten Karte wird eine Erklärung zur Verankerung in der Unternehmensstrategie erfragt. Die Frage impliziert damit ein weiteres Kernelement des Leitfadens zur Beantwortung der Forschungsfrage.

Frage 7 eruiert erwartete bzw. erzielte Wettbewerbsvorteile des Unternehmens aus den unter Punkt 6 erfragten Strategien. Sie ist die einzige Meinungsfrage im Fragebogen und regt zu einer Erweiterung der Aussagen zu Frage 6 an. Dabei wird unterstellt, dass sich nachhaltiges Verhalten in Wettbewerbsvorteilen niederschlägt. Die Frage fokussiert Schwerpunkte in der Unternehmensstrategie und erfasst die „dominante Logik" (Kor und Mesko 2013, S. 234 ff.) der befragten Manager.

---

81 Global Reporting Initiative, siehe Kapitel 2.1.4. unter Berichterstattung.

82 Manche Interviewpartner haben trotzdem Karten zwischen den Feldern abgelegt. Dies war zu Beginn so nicht vorgesehen, wurde dann aber trotzdem in der Auswertung besonders berücksichtigt.

83 Wenn etwas gelöst ist, ist es nicht mehr relevant für die Strategiefindung. Dies bedeutet jedoch nicht, dass ein Thema generell nicht relevant ist.

Punkt 8 betrifft ein weiteres Fragenbündel, das die Beziehungen zu den Stakeholdern klären soll. Dazu wird dem Interviewpartner eine Liste mit Stakeholdern vorgelegt (siehe Anhang 4), anhand derer dieser relevante Stakeholder identifizieren und beurteilen kann.

Frage 9 schließt das Interview ab und gibt dem Gesprächspartner die Gelegenheit, offene oder nicht angesprochene Themenaspekte aufzugreifen.

Zu diesen Fragen wurden zusätzlich noch einige Kennzahlen und Charakteristika des Unternehmens abgefragt (siehe Interviewleitfaden im Anhang 1). Dazu zählen Eigentümerstruktur, Kundenstruktur (B2B oder B2C), Recyclingquote, Rücknahmegarantie, Mitarbeiteranzahl, Jahresumsatz, Verweildauer im Topmanagement, Ausbildungsquote, Frauenquote im Topmanagement, Durchschnittsalter der Mitarbeiter und Veröffentlichung eines Nachhaltigkeitsberichts.

Der Interviewleitfaden wurde mit dazu exemplarisch formulierten Fragen im Rahmen eines Kolloquiums präsentiert, diskutiert, beurteilt und modifiziert. Ein Pre-Test wurde mit einem Kollegen aus dem relevanten Forschungsumfeld durchgeführt.[84]

4.4. Fallauswahl und Durchführung der Interviews

Die zwölf Interviews wurden im Zeitraum von Ende Oktober 2011 bis Anfang März 2012 durchgeführt. Sie sind von eins bis zwölf durchnummeriert und in Tabelle 9 präsentiert.

Die Interviewpartner, vorzugsweise Geschäftsführer, wurden über Mund-zu-Mund-Werbung entsprechen der in Kapitel 2 skizzierten Abgrenzung des Erkenntnisobjekts akquiriert und direkt von der Interviewerin angesprochen. Dabei wurden auch einige potentielle Interviewpartner abgelehnt. Die Fallauswahl wurde somit bewusst getroffen (Gläser und Laudel 2010, S. 95). Dabei entsprechen sechs Fälle genau den in Kapitel 2.2.5. aufgeführten Merkmalen, die anderen Fälle weichen in jeweils einem Punkt von diesen Basismerkmalen ab (Borchardt und Göthlich 2007, S. 37), z. B. mehr als 500 Mitarbeiter, ein Unternehmen mit Business-to-Customer-Beziehungen, ein Unternehmen mit ausgelagerter Produktion usw. Die getroffene Fallauswahl ist in einem Fallstudiendesign zulässig, sofern eine Ergänzung von interessanten Fällen zweckmäßig ist (Eisenhardt 1989, S. 537).

Drei Gesprächspartner waren dem Interviewer bereits vor der Untersuchung bekannt, andere wurden über „gatekeepers" (persönliche Kontakte aus dem

---

84 Diese Vorgehensweise wird von Mayer 2006, S. 44 empfohlen.

früheren Arbeitsumfeld der Interviewerin) vermittelt. „Türwächter" erleichtern den Zugang zu Gesprächspartnern (Mayer 2006, S. 45). Da für die Durchführung von Interviews eine persönliche Beziehung förderlich ist, werden beide Arten der Kontaktaufnahme als positiv für die Gesprächssituation und für die Datenerhebung gewertet (Gläser und Laudel 2010, S. 115).

Für alle Interviews wurde ein Besprechungstermin von einer Stunde angesetzt. Die Interviews fanden in zehn Fällen in Besprechungsräumen des jeweiligen Unternehmens statt, zwei Interviews wurden in Cafés durchgeführt, weil dies von den Gesprächspartnern aufgrund Termin- und Dienstreiseplanung so erbeten worden war. Alle Interviews wurden persönlich von Angesicht zu Angesicht geführt.

Zu Beginn jeden Interviews wurden die Forschungsheimat der Interviewerin sowie ihr Forschungsprojekt in einer kurzen Präsentation vorgestellt. Die Gesprächspartner wurden gebeten, eine Einwilligungserklärung (siehe Anhang 5) zu unterschreiben. Des Weiteren wurde den Gesprächspartnern eine Kopie des Transkripts zugesagt.

Eine Tonbandaufnahme wurde als unumgänglich angesehen. Sie hat die Interviewerin im Sinne von Mayer (2006, S. 46) entlastet, ihre Konzentration auf das Stellen von Fragen gelenkt und die Interaktion mit dem Gesprächspartner gefördert. Ein Gedächtnisprotokoll hätte einen Informationsverlust bedeutet und gewöhnlich führt ein nur unvollständiges, notgedrungen interpretierendes Mitschreiben eher zu einer Ergebnisverfälschung. Gegen eine Interviewaufzeichnung spricht eine durch das Diktiergerät eventuell induzierte befangenere Gesprächssituation. Eine derartige Störung wird aber im Laufe des Interviews vom Gesprächspartner in der Regel ausgeblendet (Gläser und Laudel 2010, S. 158).

Die Aufnahmezeit je Interview betrug ca. 45 Minuten. Bei Interview #1 wurde aufgrund technischer Probleme nur die zweite Hälfte des Interviews aufgezeichnet. Relevante Themenbereiche wurden jedoch später erfragt und finden sich im Transkript wieder.

Am Ende des Interviews konnte jeder Gesprächspartner Fragen zum Thema stellen und Anregungen dazu geben. Diese Möglichkeit wurde bis auf wenige allgemeine Nachfragen zum Thema und zur Terminplanung der Untersuchung nicht genutzt.

Das Ergebnis der Kartenlegung zu Frage 4 wurde fotografisch festgehalten und später dem Transkript zum besseren Verständnis hinzugefügt.

4.5. Auswertung

Im ersten Schritt wird eine kurze Einzelanalyse der Fälle vorgenommen (Kapitel 5.1). Die Unternehmen werden in ihren markanten Variablen wie Größe, Produkt, Rechtsform etc. vorgestellt. Danach werden die Nennungen der Nachhaltigkeitskarten auf den einzelnen Feldern summiert und ausgewertet. Die Daten sind aus den Fotos in eine Tabelle übertragen worden (siehe Kapitel 5.2).

Gläser und Laudel (2010, S. 44) nennen vier mögliche Arten der Auswertung von qualitativen Daten: freie Interpretation, sequenzanalytische Methoden, Kodieren und die qualitative Inhaltsanalyse. Die freie Interpretation hält den Gütekriterien der Reproduzierbarkeit nicht stand, da die Art und Weise der Analyse und Schlussfolgerung nicht nachvollzogen werden können. Die sequenzanalytische Methode ist aufgrund ihres Umfangs für alle erhobenen Daten nicht anzuwenden, da diese pro auszuwertender Einheit eine umfangreiche Interpretation jeder Aussagemöglichkeit voraussetzt. Das Kodieren, hauptsächlich aus der Grounded Theory bekannt (Glaser und Strauss 2005), bezeichnet das Kennzeichnen von relevanten Aussagen (z. B. Stichworten, Ziffern etc.) im Text. Beide zuletzt genannten Methoden bleiben im Ursprungstext verhaftet. Die qualitative Inhaltsanalyse wird detailliert von Mayring (2008) beschrieben. Sie entnimmt Informationen aus dem Ursprungstext und verarbeitet diese getrennt davon weiter. Dies kann aber nur geschehen, wenn der Text selbst nicht das Untersuchungsobjekt ist (Gläser und Laudel 2010, S. 47).

Mayring (2008, S. 13) versteht die qualitative Inhaltsanalyse wie folgt:

> „Zusammenfassend will also Inhaltsanalyse
>
> - *Kommunikation* analysieren;
>
> - *fixierte* Kommunikation analysieren;
>
> - dabei *systematisch* vorgehen;
>
> - das heißt *regelgeleitet* vorgehen;
>
> - das heißt auch *theoriegeleitet* vorgehen;
>
> - mit dem Ziel, *Rückschlüsse auf bestimmte Aspekte der Kommunikation* zu ziehen."[85]

[85] Hervorhebungen wie im Original.

Die weitere Auswertung der Interviews erfolgt entlang dem allgemeinen inhaltsanalytischen Ablaufmodell nach Mayring und ist nachfolgend in Abbildung 9 dargestellt.

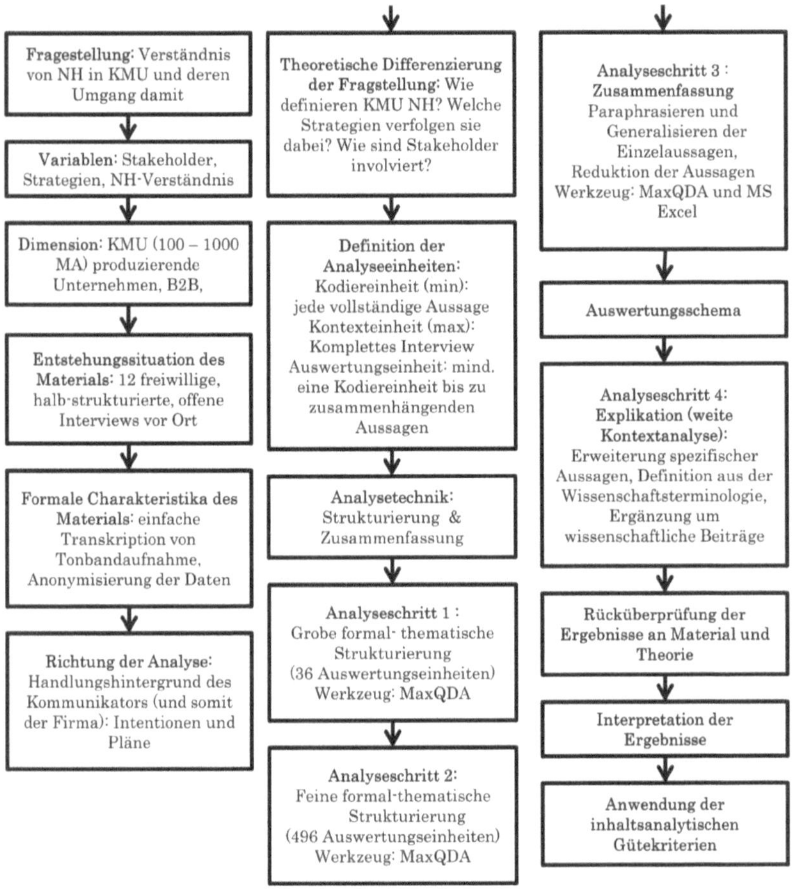

Abb. 9: Inhaltsanalytisches Ablaufmodell (angelehnt an Mayring 2008, S. 53 f.)

Die ersten vier der in der ersten Spalte genannten Aspekte wurden bereits ausführlich erörtert, und zwar die Konkretisierung der Fragestellung in Kapitel 1, die theoretische Fundierung der Variablen in Kapitel 2 und 3, die Eingrenzung des Untersuchungsobjekts in Kapitel 2.2.5. und die Darlegung der Entstehung des Untersuchungsmaterials in Kapitel 4.4.

Das Ablaufmodell von Mayring (2008, S. 53 f.) verlangt auch eine Darstellung der „Formalen Charakteristika des Materials". Die Tonbandaufnahmen aus den Interviews wurden mithilfe des kostenlos im Internet verfügbaren Programmes F4 „einfach" transkribiert (audiotranskription.de 2012; Dresing und Pehl 2011, S. 18 f.). Im Unterschied zu einer Transkription nach GAT (Gesprächsanalytisches Transkriptionssystem) werden keine Pausen, Dialektfärbungen, Betonungen, Gestik, Mimik und paraverbale Äußerungen in der Abschrift berücksichtigt. Nur in Ausnahmefällen wurde ein Kopfschütteln oder Lachen zum Verständnis der Aussage transkribiert (Kuckartz 2010, S. 38 ff.).

Die Transkription wurde vollständig und wörtlich vorgenommen. Anmerkungen, die zum Verständnis des Textes notwendig sind (z. B. Erklärung von Abkürzungen, Störungen), und Ergänzungen zur Erleichterung des Leseflusses (z. B. im Gesprochenen verschluckte Worte) stehen in eckigen Klammern. Füllwörter sind gestrichen.

Zur Anonymisierung der Abschrift wurden Orte, Namen, Produktbezeichnungen und sonstige Benennungen, die einen Rückschluss auf das Unternehmen zulassen, entfernt. Offensichtlich themenfremde Einwürfe und Kommentare wurden gelöscht. Das Transkript des Interviews wurde den Gesprächspartnern zur Durchsicht zur Verfügung gestellt.

Die Interpretation der Textinhalte kann mit der „Richtung der Analyse" und der „Differenzierung der Fragestellung" genauer dargestellt werden. Diese erfolgt im Rückgriff auf Yins (2003, S. 21) Fallstudiendesign (siehe Kapitel 4.3.1), das eine Verbindung zwischen Untersuchungsziel, Analyseeinheiten, Auswertungsregeln und Dateninterpretation vorsieht.

Die „Richtung der Analyse" beleuchtet das Analyseobjekt genauer. Hierbei handelt es sich nicht um den Text bzw. das Transkript, wie es bei literarischen Analysen der Fall ist, sondern um den Kommunikator, in diesem Falle den Geschäftsführer/Manager. Die Untersuchung hat sowohl die Handlungen des Kommunikators, aber auch dessen Intentionen und Pläne in Bezug auf Nachhaltigkeit im Fokus. Kognitive Hintergründe, wie z. B. Ausbildung und Wissensstand, werden nicht weiter betrachtet (Mayring 2008, S. 50). Es wird davon ausgegangen, dass der Kommunikator (hier der Geschäftsführer) mit seinen Aussagen über Pläne zur Unternehmensausrichtung gleichzeitig die Autorität hat, diese auch umzusetzen (Weick 1995 [1985], S. 53).

Die „Differenzierung der Fragestellung" erfolgt anhand der Forschungsfrage durch den Fragebogen. Sie unterstützt eine theoriegeleitete Analyse der Interviews. Die einzelnen Unterfragestellungen sind:

- Wie verstehen KMU Nachhaltigkeit?
- Wie schlägt sich Nachhaltigkeit im strategischen Verhalten nieder?

- In welcher Beziehung stehen die Stakeholder zueinander und zum Unternehmen?

Zur computergestützten Textauswertung wurde MaxQDA verwendet.[86] Bevor die Analyse des Textes beginnen kann, wurden die Analyseeinheiten definiert.[87]

- Die Kodiereinheit beschreibt die kleinste Texteinheit, die zur Auswertung herangezogen werden kann. Im vorliegenden Fall kann dies ein Wort sein (z. B. „Ja").
- Die Kontexteinheit legt die größte Texteinheit fest, die unter eine Kategorie fallen kann. In dieser Untersuchung kann das ein ganzes Transkript sein.
- Die Auswertungseinheit ist eine abgeschlossene Aussage, die einer Kategorie zugeordnet wird. Sie kann sowohl ein Wort, als auch ganze Textpassagen aus dem Transkript umfassen.

Zur qualitativen Inhaltsanalyse stellt Mayring (2008, S. 58) drei Grundformen der Analyse vor: Zusammenfassung, Explikation und Strukturierung.

Die Zusammenfassung erlaubt das induktive Ableiten eines Kategoriensystems und spiegelt so z. T. das Vorgehen der Grounded Theory (Glaser und Strauss 2005, S. 76 ff.), hier jedoch innerhalb eines Regelsystems, wider. Dabei werden Aussagen paraphrasiert, generalisiert und reduziert, was in einzelnen oder mehreren Schritten erfolgen kann.

Die Analyseform der Explikation inkludiert die Vorteile von sequenzanalytischen Methoden, die eine genaue Auseinandersetzung mit dem Ausgangsmaterial voraussetzen. In der qualitativen Inhaltsanalyse wird diese „weite Kontextanalyse" genannt. Während bei einer engen Kontextanalyse nur das direkte Textumfeld zur Interpretation zulässig ist, kann bei einer weiten Kontextanalyse Zusatzmaterial über den Text hinaus, z. B. Zeitungsinformationen, Homepageinhalte etc., hinzugezogen werden (Mayring 2008, S. 78).

Die Strukturierung kann formal, inhaltlich, typisierend oder skalierend sein.

- Die formale Strukturierung erarbeitet Strukturen im Material. Diese können thematisch, syntaktisch, semantisch oder dialogisch sein (ebd. S. 85).

---

86 Es gibt eine Vielzahl von Alternativen zur computergestützten Textauswertung. Die führenden Programme sind NVivo, Atlas.ti und MaxQDA, vgl. dazu Kuckartz 2010, S. 251. Preisvergleiche und die Nutzung der Testversionen führten zur Wahl von MaxQDA als Auswertungssoftware für diese Untersuchung.

87 Dieser Schritt wurde im Modell, im Gegensatz zum Ursprungsmodell von Mayring, aufgrund der logischen Vorgehensweise vorgezogen.

- Die inhaltliche Strukturierung kategorisiert den Text anhand von Themen und Aspekten.
- Die typisierende Strukturierung filtert den Text nach extremen Ausprägungen sowie nach Häufigkeiten und Besonderheiten.
- Die skalierende Strukturierung ordnet Aussagen im Text in eine Ordinalskala ein.

In der vorliegenden Untersuchung wurde zunächst eine formal-thematische Strukturierung vorgenommen und anhand der oben aufgeführten Unterfragen in folgende Blöcke gegliedert:

- Nachhaltigkeit (Fragen 1-3),
- Strategien (Fragen 4-7),
- Stakeholderbeziehungen (Frage 8).

Daraus resultierten 36 Auswertungseinheiten. Nicht zuordenbare Auswertungseinheiten wurden separiert und nicht weiter ausgewertet. Die 36 Auswertungseinheiten wurden formal-thematisch weiter in die folgenden Unterkategorien strukturiert:

- Nachhaltigkeit (Definition, Verantwortung, Dauer),
- Strategien, aufgeteilt in die in Frage 4 detaillierten Nachhaltigkeitskarten (20 Punkte + 1 Punkt für eigene Angaben der Interviewpartner),
- Stakeholderbeziehungen nach Stakeholdern sortiert.

Daraus resultierten 496 Auswertungseinheiten. Die aufgeführten Unterkategorien können als deduktiv-theoriegeleitetes Kategorienschema, das sich aus der Fragestellung ergeben hat, angesehen werden. Im nächsten Schritt wurden die Inhalte der Unterkategorien in eine Excel-Tabelle exportiert und die einzelnen Auswertungseinheiten paraphrasiert (Meuser und Nagel 1991, S. 456) und reduziert (Analyseschritt 3 in Abb. 8). Die Abstraktionsregeln zur Zusammenfassung wurden nach folgendem Frageschema spezifiziert:

- Nachhaltigkeitsinterpretation (Wie wird Nachhaltigkeit interpretiert?),
- Nachhaltigkeitsverantwortung (Wer ist verantwortlich?),
- Nachhaltigkeitsdauer (Wie lange?),
- 20 Nachhaltigkeitskarten + Sondernennungen (Wie gehen sie damit um?),
- Wettbewerbsvorteil (Welcher Aspekt wird als möglicher Vorteil für einen Wettbewerbsvorteil gewertet?),

- Stakeholderkommunikation (Wie oft und in welcher Form kommunizieren die Stakeholder im/mit dem Unternehmen?).

Die Ergebnisse der Auswertung sind in Kapitel 5 dargestellt.[88] Dabei fand gleichzeitig eine Rücküberprüfung der Ergebnisse mit der Theorie statt. In Kapitel 6 werden die Ergebnisse interpretiert. Eine kritische Reflexion des Vorgehens erfolgt nachstehend.

4.6. Kritik

Die Anwendungsgebiete, Vor- und Nachteile von qualitativen Studien werden in der Literatur hinreichend diskutiert (Mayring 2008, S. 20; Leedy und Ormrod 2005, S. 134 ff.; Bortz und Döring 2006, S. 296 ff.). Die Kritische Reflexion kann deshalb auf die Anwendung der Analysemethoden in der vorliegenden Untersuchung reduziert werden.

Das Erkenntnisobjekt wurde klar abgegrenzt und beschrieben (Kap. 2.2.) Die Auswahl der Interviewpartner erfolgte zufällig aufgrund bestehender Kontakte. Die ausgewählten Fälle hätten heterogener (z. B. in der Rechtsform) sein können. Die Dominanz der GmbHs kann jedoch darauf zurückgeführt werden, dass diese Rechtsform bei deutschen KMU besonders beliebt ist (Statistisches Bundesamt 2011, S. 495). Die regionale Auswahl ergab sich aus den zufälligen Kontakten über die Gatekeeper. Hier hätte u. U. eine überregionale Befragung über Bayern und Baden-Württemberg hinaus zusätzliche Erkenntnisse bringen können.

Die verwendeten Untersuchungsmethoden bergen ebenfalls Potenzial für Kritik. Fallstudien können nicht genau wiederholt werden, worunter die Reliabilität[89] leidet. Die Validität[90] wird durch die Menge der ausgewählten Fälle sowie durch ein systematisches Vorgehen nach Mayer (2006, S. 21 ff.) gewährleistet. Die durchgeführten Interviews können als subjektiv gewertet werden. Daraus resultierende Verzerrungen könnten durch mehrere Interviewpartner pro Unternehmen abgeschwächt werden. Allerdings war es schon schwierig, auch nur einen Gesprächspartner pro KMU zu gewinnen. Die

---

88 Die komplette Transkription aller Interviews, die Fotografien der Kartenlegung sowie die Daten aus MaxQDA und deren Reduzierung können bei Bedarf beim Autor eingesehen werden.

89 Reliabilität beschreibt die Wiederholbarkeit einer Untersuchung mit gleichen Ergebnissen. Die Untersuchung ist somit anfällig für zufällige Fehler, vgl. Yin 2003, S. 34.

90 Validität kann in interne und externe Validität getrennt werden und beschreibt die Belastbarkeit der Operationalisierung und der Schlussfolgerungen. Fehlende externe Validität führt zu nicht allgemeingültigen Aussagen, fehlende interne Validität zu falschen Aussagen bezüglich Ursache-Wirkungs-Zusammenhängen, vgl. Yin 2003, S. 34.

Option Gruppeninterviews wurde abgelehnt, da sie die Offenheit der Gesprächspartner einengen kann. Interviews bergen zudem immer das Risiko, dass der Gesprächspartner grundsätzlich bestimmte Informationen preisgeben möchte oder bewusst andere Aussagen macht. In dieser Untersuchung wird davon ausgegangen, dass die Gesprächspartner nach bestem Wissen und Gewissen geantwortet haben. Da Interviews den Unternehmenskontext nur begrenzt erfassen können (Yin 2003, S. 13), wurden bei Bedarf Homepages und Unternehmensprospekte zur Fallergänzung hinzugezogen.

Die Auswertung der qualitativen Daten wurde nach dem inhaltsanalytischen Ablaufmodell so strukturiert wie möglich vorgenommen. Ungenauigkeiten in der Inhaltsbedeutung von Aussagen sind dennoch nicht auszuschließen.

Die gesamte Untersuchung wurde auf Objektivität, Validität und Reliabilität ausgerichtet (Bortz und Döring 2006, S. 326 ff.).

5. Auswertung

Die nachstehende Auswertung der Daten aus den Fallstudien erfolgt in fünf Schritten: Vorstellung der Fälle, Verteilung der Nachhaltigkeitskarten, Definition von Nachhaltigkeit, Strategieimplikationen und Stakeholderbeziehungen.

5.1. Vorstellung der Fälle

Alle untersuchten Fälle sind in Tabelle 9 nach dem Interviewdatum sortiert sowie nach Rechtsform, Mitarbeiteranzahl und Umsatz aufgeführt. Sechs Fälle entsprechen dem in Kapitel 2.2.5. beschriebenen Erkenntnisobjekt (#1, #3, #4, #5, #7, #9). Vier Fälle (#2, #6, #8, #10) zählen mit mehr als 500 Mitarbeitern nicht mehr als KMU. Ein Unternehmen (#11) liefert 60 % der Produkte direkt an den Endkunden, ein weiteres Unternehmen (#12) hat die komplette Produktion nach außen verlagert.

Nr.	Datum	Rechtsform	Mitarbeiter	Umsatz [Mio. €]	Anteil B2B	Branche
1	28.10.2011	GmbH & Co. KG	100	29	100%	Ladungssicherung[91]
2	11.11.2011	GmbH	700	60	100%	Telekommunikation und Automobil
3	25.11.2011	GmbH	100	6	100%	Automobilzulieferer
4	09.12.2011	GmbH & Co. KG	160	14	100%	Elektrotechnik
5	15.12.2011	GmbH	120	30	80%	Innenausbau
6	20.01.2012	AG	600	150	100%	Fahrzeugbau
7	23.01.2012	GmbH	170	40	98%	Innenausbau
8	27.01.2012	GmbH	900	140	100%	Anlagenbau
9	06.02.2012	GmbH & Co. KG	250	k. A.	100%	Werkzeugbau
10	10.02.2012	GmbH	650	67	100%	Elektrotechnik
11	17.02.2012	GmbH	7	k. A.	40%	Metallverarbeitung
12	09.03.2012	GmbH	35	20	80%	Automobilausstatter

Tab. 9: Vorstellung der Fälle

Grundsätzlich wurden alle Fragen in den Interviews beantwortet. Interview #2 wurde mit dem Leiter „Business Development" geführt. Bei allen anderen Interviews stand der Geschäftsführer als Gesprächspartner zur Verfügung.

[91] Branche vom Interviewpartner benannt.

Dieser wurde in Interview #1 von einem weiteren Mitglied der Geschäftsleitung und in Interview #12 vom Leiter des Vertriebs unterstützt. Fehlende Informationen wurden aus Unternehmensprospekten und dem Internetauftritt des Unternehmens ergänzt (Branche/Rechtsform etc.). Entgegen der vermehrten Nachhaltigkeitsberichterstattung von KMU (siehe Kapitel 2) veröffentlicht keines der befragten Unternehmen einen Nachhaltigkeitsbericht.

5.2. Verteilung der Nachhaltigkeitskarten

Insgesamt konnten 250 Legungen der Nachhaltigkeitskarten ausgewertet werden. Eine diesbezügliche Übersicht findet sich in Anhang 6.

Sieben Gesprächspartner ergänzten die Karten mittels der zur Verfügung gestellten Blanko-Karten um zehn eigenen Anmerkungen: globaler Footprint (i. S. v. globaler Präsenz, nicht ökologischer Fußabdruck[92]), Zoll/Gesetzgebung, Bürokratie, Darstellung nach Außen/Reputation, Technologieführerschaft, Qualitätsführerschaft, Marktstellung, Innovationskraft, Fachkräftemangel und Schnelligkeit. Diese wurden in der anschließenden Auswertung zunächst ausgespart. Einige Gesprächspartner wählten die Option, die vorgegebenen 20 Karten mit eigenen Angaben zu ergänzen bzw. Inhalte zu streichen. Für die Auswertung wurde auch dies vorerst nicht berücksichtigt, ist aber im Anhang durch kursive Schreibweise bzw. durchgestrichenen Text ersichtlich.

Vier Gesprächspartnern war die grobe Dreiteilung der Relevanz in „Wichtig/Priorität", „Relevant" und „Nicht Relevant/Gelöst" nicht ausreichend. Sie benutzen deshalb differenzierte Ablagemöglichkeiten. Der Gesprächspartner aus Fall #4 schloss die Benutzung des „Relevant"-Feldes aus, legte aber vier Karten zwischen „Wichtig/Priorität" und „Nicht Relevant/Gelöst" ab. Da er diese zwar in der Begründung als wichtig, aber bereits gelöst bezeichnete, werden sie für die Auswertung auf „Nicht Wichtig/Gelöst" verschoben. Gesprächspartner #8 stufte keine Nachhaltigkeitskarte als „Nicht Relevant/Gelöst" ein.

Für die Auswertung werden die Nennungen, die zwischen den Feldern „Wichtig/Priorität" und „Relevant" liegen, mit jeweils 0,5 Punkten beiden Kategorien zugerechnet. Ebenso wird für die Nennungen zwischen „Relevant" und „Nicht Relevant/Gelöst" verfahren. Eine statistische Auswertung ist aufgrund der Auslegung des Fragebogens und der geringen Samplezahl nicht möglich. Stattdessen werden nur die Extrempositionen betrachtet, um so Tendenzen für die Relevanz der Themenstellungen erkennen zu können. Die Auswertung ist in der folgenden Tabelle 10[93] wiedergegeben:

---

[92] Der Begriff wird meist nach Wackernagel 2002 definiert.

[93] Die Nennungen im Feld „Relevant" sind nicht in der Tabelle abgebildet.

Karte	Wichtig/ Priorität	„Nicht Relevant/Gelöst	Bemerkung
Kundenzufriedenheit & Schutz des Kunden (Produktsicherheit, Datensicherheit etc.)	10	0	Überwiegend „Wichtig/Priorität"
langfristige, vertrauensvolle Lieferantenbeziehung	9,5	1	Überwiegend „Wichtig/Priorität"
Schulungen & Weiterbildungen für die Belegschaft	9,5	1	Überwiegend „Wichtig/Priorität"
hohe soziale Leistungen für Mitarbeiter, nachvollziehbare, gerechte Entlohnung	8,5	1	Überwiegend „Wichtig/Priorität"
geringe Toxizität der Produkte und Abfälle über den gesamten Produktlebenszyklus	1	6,5	Nicht „Wichtig/Priorität"
hohe Recyclingfähigkeit der Produkte, Rücknahmegarantien, Life-Cycle-Management	1	6,5	Nicht „Wichtig/Priorität"
Diversitymanagement (Minderheiten, Frauen, Nationen), Unterbinden von Diskriminierung	2	9	Überwiegend „Nicht Relevant/Gelöst"
Unterbinden von Korruption, offene Lobbyarbeit	2	8	Überwiegend „Nicht Relevant/Gelöst"
Unterbinden von wettbewerbswidrigem Verhalten, Kartellbildung, Monopolbildung	2	7	Überwiegend „Nicht Relevant/Gelöst"
Compliance, Vermeidung von Bußgeldern und Auflagen (Umwelt/Sozial)	2	7	Überwiegend „Nicht Relevant/Gelöst"
Achtung Menschenrechte beim Einkauf von Ressourcen, Verbot der Kinderarbeit, Zwangsarbeit oder von unwürdigen Arbeitsbedingungen	4	7	Überwiegend „Nicht Relevant/Gelöst"
geringer Energieverbrauch & geringer Materialverbrauch in der Produktion	6	2	Tendenz zu „Wichtig/Priorität"
hohe / langfristige Renditen	6	1	Tendenz zu „Wichtig/Priorität"
Wissensmanagement (z. B. Patente, interne Datenbanken)	6	1,5	Tendenz zu „Wichtig/Priorität"
geringe Mitarbeiterfluktuation	5	2	Tendenz zu „Wichtig/Priorität"
Förderung der Gemeinde/Stadt/des sozialen Zusammenlebens (z. B. Vereine, Schulen etc.)	2	5	Tendenz zu „Nicht Relevant/Gelöst"
geringer Ausstoß von Emissionen & Abfallvermeidung über die gesamte Produktlebensdauer	2	5	Tendenz zu „Nicht Relevant/Gelöst"

Arbeitsschutzmaßnahmen (insb. Reduktion von Krankheit & Arbeitsausfall)	3	4	keine klare Zuordnung
ausgewogene Demografie im Unternehmen	3	5	keine klare Zuordnung
Zertifizierungen z. B. nach ISO/DIN/EMAS/SA8000 etc.	5	4	keine klare Zuordnung

Tab. 10: Auswertung der Nachhaltigkeitskarten

Die meisten Nennungen im Bereich „Wichtig/Priorität" erzielen die Karten:

- Kundenzufriedenheit & Schutz des Kunden (10 Nennungen),
- langfristige, vertrauensvolle Lieferantenbeziehungen (9,5),
- Schulungen und Weiterbildungen für die Belegschaft (9,5) und
- hohe soziale Leistungen für Mitarbeiter; nachvollziehbare, gerechte Entlohnung (8,5).

Die wichtigsten Belange scheinen nur primäre, marktnahe Stakeholder zu betreffen: Kunden, Lieferanten, Mitarbeiter. Diesbezüglich haben die Karten keine oder nur eine Nennung im Bereich „Nicht Relevant/Gelöst" erhalten.

Zwei Umweltthemen bekamen nur eine Nennung in der Kategorie „Wichtig/Priorität":

- geringe Toxizität der Produkte und Abfälle über den gesamten Produktlebenszyklus (1 Nennung) und
- hohe Recyclingfähigkeit der Produkte, Rücknahmegarantien, Life-Cycle-Management (1).

Interessant ist, dass beide Themen gleichzeitig nur mittelmäßige Nennungen bei „Nicht Relevant/Gelöst" erhalten. Dies steht im Gegensatz zu den vorangegangen vier Punkten, die aufgrund hoher Nennungen im Bereich „Wichtig/Priorität" nur wenige im Bereich „Nicht Relevant/Gelöst" erhalten. Vermutlich wird in diesen beiden Punkten betreffs Gesetzeslage und Geschäftsmöglichkeiten noch die höchste Unsicherheit, aber auch das größte Potenzial gesehen.

Die meisten Nennungen im Bereich „Nicht Relevant/Gelöst" betreffen:

- Diversitymanagement (Minderheiten, Frauen, Nationen), Unterbinden von Diskriminierung (9 Nennungen),
- Unterbinden von Korruption, offene Lobbyarbeit (8),
- Achtung der Menschenrechte beim Einkauf von Ressourcen, Verbot der Kinderarbeit, Zwangsarbeit oder von unwürdigen Arbeitsbedingungen (7),

- Unterbinden von wettbewerbswidrigem Verhalten, Kartellbildung, Monopolbildung (7) und
- Compliance, Vermeidung von Bußgeldern und Auflagen (Umwelt/Sozial) (7).

Alle fünf Bereiche sind sehr stark von der Gesetzgebung beeinflusst. Beispiele dazu sind: Allgemeines Gleichbehandlungsgesetz, Gleichheitssatz (Art. 3 GG), die UN-Konvention gegen Korruption (UNODC 2004)[94], Grundgesetz Art. 12 gegen Zwangsarbeit, Jugendarbeitsschutzgesetz, Gesetz über die Durchführung von Maßnahmen des Arbeitsschutzes zur Verbesserung der Sicherheit und des Gesundheitsschutzes der Beschäftigten bei der Arbeit, Sozialgesetzbuch VII (gesetzliche Unfallversicherung), Gesetz gegen Wettbewerbsbeschränkungen, usw. Diese Themen wurden häufig als „Gelöst" bezeichnet, da die Einhaltung als selbstverständlich erachtet wird oder da die Gesetze z. T. nicht auf die Unternehmen anwendbar sind, wie z. B. das Kartellgesetz, welches erst ab einer bestimmten Unternehmensgröße greift. Dies lässt vermuten, dass das Risiko der Wirtschaftskriminalität, die im großen Ausmaß auch KMU betrifft, ausgeblendet bzw. unterschätzt wird (Oehler et al. 2011, S. 379). Die Karten „Achtung der Menschenrechte" und „Diversitymanagement" wirkten offenbar sehr polarisierend, da sie nur von einem Gesprächspartner unter relevant eingeordnet wurde; alle anderen bewerteten sie entweder als „Wichtig/Priorität" oder als „Nicht Relevant/Gelöst".

Einige Karten haben keine klare Zugehörigkeit. Andere zeigen aber eine Tendenz zum Feld „Wichtig/Priorität" auf:

- geringer Energieverbrauch & geringer Materialverbrauch in der Produktion,
- hohe / langfristige Renditen,
- Wissensmanagement (z. B. Patente, interne Datenbanken) und
- geringe Mitarbeiterfluktuation.

Rendite, aber nicht kurzfristige Gewinnmaximierung, wurde gemeinhing als Notwendigkeit zur langfristigen Unternehmensentwicklung gesehen. Geringer Energieverbrauch ist eine Selbstverständlichkeit, da dieser ein wichtiger Kostenfaktor bei der Herstellung von Produkten ist. Wissensmanagement und geringe Mitarbeiterfluktuation bedeuten offensichtliche Wettbewerbsvorteile. Mit diesen beiden Karten werden Innovationsfähigkeit und oder die Möglichkeit Kunden durch persönliche Kontakte zu binden begründet.

---

94 Siehe Artikel 12, Privater Sektor; Deutschland hat diesen noch nicht ratifiziert (Stand Dezember 2012), vgl. UNODC 2012.

Zwei Karten zeigen eine Tendenz zum Feld „Nicht Relevant/Gelöst":

- Förderung der Gemeinde/Stadt/des sozialen Zusammenlebens (z. B. Vereine, Schulen etc.) und
- geringer Ausstoß von Emissionen & Abfallvermeidung über die gesamte Produktlebensdauer.

Je nach Einschätzung der Wichtigkeit der Menschen vor Ort variiert die Förderung von Gemeinden sehr stark in ihrer Priorität (Interviewpartner #5 spricht hier von „Kirchturmpolitik" und meint damit eine bewusstes Fördern von Gemeindeaktivitäten, die auch der Firma zugutekommen). Auch der vom Produkt bzw. der Branche abhängige ökologische Fußabdruck wird meistens als gegeben hingenommen.

Unschlüssig ist die Meinung bei folgenden Karten:

- Arbeitsschutzmaßnahmen (insb. Reduktion von Krankheit & Arbeitsausfall),
- ausgewogene Demografie im Unternehmen und
- Zertifizierungen z. B. nach ISO/DIN/EMAS/SA8000 etc.

Insgesamt wurden 37 % der Nennungen als „Wichtig/Priorität" eingestuft, 28 % als „Relevant" und 35 % als „Nicht Relevant/Gelöst".

5.3. Interpretation von Nachhaltigkeit, Verantwortung und Dauer in KMU

Die Fragen nach Inhalt und Dauer von und Verantwortung für Nachhaltigkeit werden von den befragten KMU unterschiedlich beantwortet. Vier Geschäftsführer räumen ein, dass sie sich bislang keine Gedanken zur Nachhaltigkeitsdefinition gemacht hätten. Diese Haltung wird dadurch relativiert, dass Nachhaltigkeitsdenken in der schwäbischen Unternehmensphilosophie ohnehin inkludiert sei.

Im Mittelpunkt aller Nachhaltigkeitsüberlegungen zur langfristigen Unternehmenssicherung stehen langfristige Kunden- und Lieferantenbeziehungen sowie loyale und gut ausgebildete Mitarbeiter.

Aus dieser Interpretation von Nachhaltigkeit wird deutlich, dass in den Nachhaltigkeitsüberlegungen der Geschäftsführer von KMU primäre, marktnahe Stakeholder eher berücksichtigt werden als sekundäre, marktferne Stakeholder. Soziale Themen, die nicht von Kunden gefordert werden oder über die Belange der Mitarbeiter hinausgehen, fallen durch das Raster in dieser Definition. Ein Geschäftsführer (#7) stellt den Mitarbeiter in den Mittelpunkt seiner

Nachhaltigkeitsdefinition, da alle anderen Themen (z. B. Ressourcenknappheit) in Absprache mit dem Kunden gelöst werden könnten. In drei Fällen wurde der ökologische Aspekt explizit in die Definition einbezogen.

> „Ich glaube der Fokus bei einem Familienunternehmen ist langfristig, und zwar durch und durch. Daraus leiten sich natürlich alle Unterentscheidungen ab. So verstehen wir Nachhaltigkeit" (#10).

Dieser Satz fasst einen Großteil der Nachhaltigkeitsinterpretationen aller Geschäftsführer zusammen. Unternehmenssicherung auf lange Sicht, für die nächste Generation durch solides Wirtschaften und ausgeprägte Innovationsfähigkeit, wird als Nachhaltigkeit verstanden. Diese Interpretation wird ergänzt durch langfristige Kunden- und Lieferantenbeziehungen sowie die Bedeutung der Mitarbeiter.

Interessant ist auch die Antwort auf die Frage, wer die Verantwortung für Nachhaltigkeit trägt. Entweder lautet die Antwort klar „Geschäftsführer" oder „Alle" (siehe Tab. 11). Dabei lässt sich kein Zusammenhang zwischen Unternehmensgröße und Nachhaltigkeitsverantwortung herstellen. Zum Teil wird weiter spezifiziert, dass zwar die Impulse vom Geschäftsführer ausgehen sollten (#12), jeder Mitarbeiter aber für Nachhaltigkeit Verantwortung trägt.

Nr.	Mitarbeiter	Umsatz	Verantwortung	Ausbildung
11	7	k. A.	GF, Umsetzung alle	Nein
12	35	20	GF + MA	Ja
1	100	29	GF	Ja (doppelter Bedarf)
3	100	6	GF, Betriebsleiter	Nein
5	120	30	GF, dann MA	13 Azubis (10,8 %)
4	160	14	Alle, von GF Top Down	knapp 10 %
7	170	40	Jeder	17 Azubis (10 %)
9	250	k. A.	Jeder von unten her	26 Azubis inkl. BA-Studenten (10,4 %)
6	600	150	Management	10%
10	650	67	GF (3 Personen) + GF Auslandsgesellschafter	22 Azubis in Dtl. mit 250 MA (8,8 %)
2	700	60	GF	15%
8	900	140	GF + MA	> 10 % (am dt. Standort 45)

Tab. 11: Verantwortung und Ausbildung (sortiert nach Anzahl der Mitarbeiter)

Anders als in großen Unternehmen verfügt keine der befragten KMU über eine eigens für Nachhaltigkeitsaspekte zuständige Abteilung. Auch die Frage nach der Dauer (Wie lange beschäftigt sich das Unternehmen schon mit Nachhaltigkeit?) wird fast einstimmig beantwortet: Seit Unternehmensgründung wird nachhaltig gewirtschaftet, aber meist wird das nicht explizit „Nachhaltigkeit" genannt. Ein Gesprächspartner erwiderte:

> „Bewusst vielleicht seit fünf Jahren, in denen das Thema mal aufgetaucht ist" (#2).

Diese Aussage spiegelt auch die Auffassung wider, dass Nachhaltigkeit Teil der „schwäbischen Firmenmentalität" und somit „schon immer" (#6) ein Thema ist. Nur ein Unternehmen benennt ein genaues Datum, welches mit der Einführung eines Qualitätsmanagementsystems zusammenfällt.

Im Sinne der Zukunftssicherung bildet jedes Unternehmen, mit Ausnahme von Fall #3 und #11, meist über den eigenen Bedarf hinaus aus (siehe Tabelle 11).

5.4. Strategieimplikationen

Zunächst werden die Strategieimplikationen aus den einzelnen Nachhaltigkeitskarten diskutiert, und zwar in der Reihenfolge entsprechend der in Tabelle 10 dargestellten Auswertung.[95]

<u>Kundenzufriedenheit</u>

Bei „Kundenzufriedenheit und Schutz des Kunden (Produktsicherheit, Datensicherheit etc.)" spielt die langfristige Kundenbindung eine wichtige Rolle. Darunter sind neben der Bedürfnisbefriedigung auch der Schutz des Kunden durch sichere Produkte und sichere Verwahrung von Kundendaten subsummiert.

Kundenzufriedenheit hat in den befragten Unternehmen einen sehr hohen Stellenwert. Eine Differenzierung zum Wettbewerb durch „Mehrwert für den Kunden" findet über Schnelligkeit, Qualität und Verlässlichkeit der Leistung statt. Besonderer Wert wird dabei auf geschulte und verschwiegene Mitarbeiter gelegt. Der „Schutz des Kunden" wird durch hohe Qualität gewährleistet, indem alle gesetzlichen Anforderungen, aber auch freiwillige Zertifizierungen erfüllt bzw. übererfüllt werden.

---

95 Nachfolgend werden die Nachhaltigkeitskarten nur noch mit einer verkürzten Bezeichnung genannt.

Lieferantenbeziehungen

Unter dem Aspekt „Langfristige, vertrauensvolle Lieferantenbeziehungen" werden Netzwerke als Wettbewerbsvorteil interpretiert (Westkämper 2007, S. 29 f.).

Einige der befragten Unternehmen pflegen zu ihren Lieferanten eine Beziehung wie zu ihren eigenen Mitarbeitern. Schwerpunkte liegen dabei auf lösungsorientiertem Arbeiten, intensiver Kommunikation und vertrauensvoller Kooperation. Wenn möglich, werden regionale Zulieferer bevorzugt.

Schulung und Weiterbildung

Im Zusammenhang mit der Karte „Schulungen und Weiterbildungen für die Belegschaft" wird die Innovationsfähigkeit häufig als Quelle von Wettbewerbsvorteilen hervorgehoben. Sie ist stark von loyalen Mitarbeitern abhängig (Simon 2007, S. 297 ff.; Peters und Waterman 1984, S. 235 ff.).

Die Weiterbildung von Mitarbeitern gilt in den befragten Unternehmen als Selbsthilfe zur Überwindung von Fachkräftemangel und als Mittel zur Zukunftssicherung. Während Weiterbildung sowohl individuell, z. B. für Leistungsträger, als auch für die ganze Belegschaft stattfindet, werden Schulungen dezidiert auf den aktuellen Unternehmensbedarf ausgerichtet (Englischunterricht, Soft Skills, Führungskräftetraining, technische Produktschulungen). Viel Wert wird auf den Erfahrungsaustausch unter den Mitarbeitern und auf „Learning by doing" gelegt.

Entlohnung

Als Grundlage für „hohe soziale Leistungen für Mitarbeiter, nachvollziehbare, gerechte Entlohnung" gelten nach der Hans Böckler Stiftung (2012, S. 12) Tarifverträge, die die Entlohnung von 9,2 Mio. Arbeitnehmern in Deutschland regeln. Neben der Vergütung zählen Urlaubsregelungen, Weiterbildungsanspruch, Gesundheitsvorsorge und Gestaltung des Arbeitsumfelds (Kantine, Dienstwagen, Home-Office-Regelungen) zu den sozialen Leistungen eines Unternehmens (Jung 2011, S. 650).

Die befragten Geschäftsführer sehen einerseits die Bindung an Tarifverträge kritisch, da dadurch die Möglichkeiten zur Entgeltgestaltung eingeschränkt werden. Andererseits bietet die Vergütung nach Tarifvertrag transparente Strukturen. Generell sind die Unternehmen bereit, Leistungsträger überdurchschnittlich zu bezahlen, wobei gern individuelle Lösungen bevorzugt werden. Zusätzliche Leistungen werden gewöhnlich in Beurteilungsgesprächen vereinbart. Sie sollten aber nicht dazu führen, dass die Unternehmen sich dadurch überfordern und ihre Reaktionsfähigkeit verlieren.

Toxizität

„Geringe Toxizität der Produkte und Abfälle über den gesamten Produktlebenszyklus" sind wichtige Aspekte einer industriellen Ökologie, z. B. in Life-Cycle-Analysen, beim Material Flow Accounting, etc. (Ehrenfeld 2004, S. 829) oder in Form eines nachhaltigen Produktdesigns mittels einer „Road Map" oder Leitfragen (Waage 2007, S. 645 f.; Byggeth et al. 2007, S. 7).

Gewöhnlich beziehen die befragten Geschäftsführer diesen Aspekt auf gesetzliche Regelungen.

> „Da sind wir im Norm- und Gesetzesbereich, wo man dann ganz klar sagen muss, was wir verwenden dürfen oder nicht" (#4).

Einige Interviewpartner sehen ihre Unternehmen prinzipiell aufgrund ihrer Produkte nicht von Toxizität betroffen oder sie sehen ihre Lieferanten in der Nachweispflicht zur Erfüllung gesetzlicher Vorgaben – z. B. REACH (EG-Richtlinie 1907/2006 zur Registrierung, Bewertung, Zulassung und Beschränkung chemischer Stoffe), WEEE (EG-Richtlinie 2002/96/EG zum Elektro- und Elektronikgeräte-Abfall), RoHS (EG-Richtlinie 2002/95/EG zur Beschränkung der Verwendung bestimmter gefährlicher Stoffe in Elektro- und Elektronikgeräten) etc. Ein Interviewpartner hat die Verwendung schädlicher Stoffe in der Produktion seines Unternehmens dezidiert ausgeschlossen.

> „Es gibt natürlich viele Möglichkeiten, um [Produkt X] herzustellen. Es gibt auch solche, wo man toxische Stoffe verwenden kann. Wobei ich entschieden habe, dass wir solche toxischen Substanzen nicht in die Firma hereinlassen" (#3).

Recycling

Bei „Hohe Recyclingfähigkeit der Produkte, Rücknahmegarantien, Life-Cycle-Management" wird ein besonderer Fokus auf das End-of-Life-Management gelegt. In Deutschland wird dieser Punkt über das Kreislaufwirtschaftsgesetz im Allgemeinen abgedeckt und zusätzlich um einzelne Verordnungen, wie z. B. die Altfahrzeugverordnung, ergänzt.

Keines der befragten Unternehmen bietet eine generelle Rücknahmegarantie für seine Produkte an. Nur aus Kulanz nehmen einige Unternehmen ihre Produkte zurück. Unternehmen, die größtenteils Holz oder Metall verarbeiten, sehr langlebige oder sehr kleine Produkte herstellen, sehen hier kaum eine

Notwendigkeit zum Handeln. Bei den Unternehmen mit Plastikabfällen oder Elektroschrott nimmt das Umweltbewusstsein zu.

„Das Thema hohe Recyclingfähigkeit der Produkte, Rücknahmegarantie, Life Cycle Management ist kein Thema, das momentan bewusst bearbeitet wird. Aber aufgrund des [wachsenden] Umweltbewusstseins, das jeder Bürger mehr und mehr zu spüren bekommt, wird das früher oder später ein Thema für uns sein. Aber momentan wird es nicht bearbeitet" (#2).

Schwierigkeiten entstehen bei den befragten Unternehmen durch einen internationalen Vertrieb, da sich ein Rückführen der Produkte in das Unternehmen oder an zentrale Stellen nicht lohnt.

Diversitymanagement

„Diversitymanagement (Minderheiten, Frauen, Nationen), Unterbinden von Diskriminierung" betrifft hauptsächlich soziale Aspekte. Durch das Allgemeine Gleichbehandlungsgesetz gibt es eine umfassende Grundlage zur Umsetzung dieses Punktes.

In den befragten Unternehmen ist Diskriminierung offenbar kein Thema. Der Fachkräftemangel fördert kreative Arbeitszeitmodelle für Mütter und den Umgang mit Diversität in der Belegschaft.

> „Wir haben 7-8 verschiedene Nationen. Wir machen da überhaupt keinen Unterschied. Wichtig sind Haltung, Leistung, Einstellung - das zählt. Deutsch müssen sie schon sprechen können; sie müssen schon kommunizieren können" (#6).

Korruption

Unter „Unterbinden von Korruption, offene Lobbyarbeit" werden die Transparenz von Geschäftsprozessen und das Offenlegen von Spenden, Zuschüssen und sonstigen Zahlungen verstanden (Oehler et al. 2011, S. 370).

Die Gesprächspartner sehen diesen Punkt nicht als relevant an, da ihre Unternehmen dafür zu klein und außerdem sehr transparent seien. Auch der moralische Aspekt ist sehr wichtig, d. h. die Grundsätze des „ehrbaren Kaufmanns" verbieten korruptes Handeln.

> „Weil wir eben schlicht und einfach zu klein sind, ist Korruption kein Thema. Erstens machen wir es aus moralischen Gründen nicht und zweitens könnten wir es auch nicht, weil es finanziell für uns gar nicht zu stemmen wäre" (#4).

Die Interviewten sehen die Erfüllung des Gesetzes zum unlauteren Wettbewerb (UWG) gewährleistet. Gewünscht ist ein bewusster Einsatz von Fürsprechern des Unternehmens, die als Multiplikatoren eine Zusammenarbeit mit relevanten Stellen wie Werbeträgern oder Politikern suchen. Das scheitert jedoch häufig an der verfügbaren Personalkapazität. Generell werden Geschenke offengelegt und zum Teil unter der Belegschaft verteilt. Dokumente sind häufig für mehrere Personen im Sinne eines „Vier-Augen-Prinzips" einsehbar, um Transparenz zu schaffen. Ein Verstoß gegen interne Regelungen hat direkte Konsequenzen, meistens die Kündigung des korrupten Mitarbeiters zur Folge.

Kartellbildung

„Unterbinden von wettbewerbswidrigem Verhalten, Kartellbildung, Monopolbildung" bezieht sich auf ökonomische Aspekte. Monopolrenten, die durch Marktmacht ermöglicht werden (Dillerup und Stoi 2006, S. 30), bieten eine angenehme Wettbewerbsposition und hängen z. T. auch mit dem vorangegangen Punkt zusammen (UWG).

Die Karte spielt nur eine geringe Rolle bei den Gesprächspartnern. Die Unternehmen erachten sich als zu klein, um unter das Gesetz gegen Wettbewerbsbeschränkungen („Kartellgesetz") zu fallen. Es gibt viele Wettbewerber und der Markt ist sehr diversifiziert. Die Angst der Monopolbildung ist beim Lieferantenstatus stärker ausgeprägt. So befürchtet ein Interviewpartner, der Zulieferer in der Automobilbrache ist, die weitere Konsolidierung der Automobilkonzerne. Dadurch schwindet sein Kundenstamm und führt zu einer Konzentration der Marktmacht auf Kundenseite.

Compliance

„Compliance, Vermeidung von Bußgeldern und Auflagen (Umwelt/Sozial)" bezeichnet die Einhaltung von Gesetzen bezüglich sozialer und ökologischer Aspekte. Durch Regel- und Gesetzestreue werden Strafzahlungen vermieden, die sich auf die Rendite auswirken können.

Generell haben die Gesprächspartner keine Probleme mit dem Gesetz und bieten hier bewusst auch keine Angriffsfläche. Ebenso verbietet die Unternehmensethik mutwilliges Missachten von Gesetzen. Die Transparenz und Nachvollziehbarkeit von Unternehmenshandeln wird durch die Größe der Unternehmen unterstützt.

> „Wir versuchen das so gut wie möglich zu machen. D. h. wenn wir irgendetwas mitbekommen, das nicht in Ordnung ist, dann unterlassen wir das. Wir haben noch nie etwas bezahlen müssen, das ist für uns eher so ein Geschäftshabitus. Wir sind ehrliche, anständige Kaufleute, und wenn wir dann mit irgendwelchen krummen Dinge konfrontiert werden, sagen wir: Das machen wir einfach nicht" (#6).

Beachtung von Menschenrechten

„Achtung der Menschenrechte beim Einkauf, Verbot der Kinderarbeit, Zwangsarbeit oder von unwürdigen Arbeitsbedingungen" kann in die soziale Dimension der Nachhaltigkeit eingeordnet werden. Laut der ILO (International Labour Organisation) sind ca. 215 Millionen Kinder von Kinderarbeit (2012b, S. 1) und weitere 12,3 Millionen Menschen von Zwangsarbeit (2009, S. 1) betroffen. Die Definition von „unwürdigen Arbeitsbedingungen" ist weniger klar umrissen, da sie stark von der nationalen Gesetzgebung abhängig ist. Sie beinhaltet u. a. gerechte Bezahlung, Sicherheit am Arbeitsplatz oder soziale Absicherung (International Labour Organisation (ILO) 2012a).

Die Achtung dieser Rechte wird von den Interviewpartnern als Selbstverständlichkeit gesehen. Die meisten Interviewpartner sehen ihr Unternehmen von diesem Punkt nicht betroffen, da ihre Materialversorgung gewöhnlich regional (Deutschland) bzw. aus Europa erfolgt. Allerdings wird diese Selbstbeschränkung auch relativiert. So sieht man sich etwa gegenüber Lieferanten aus dem asiatischen Raum in einer schlechten Machtposition, da diese kaum Einblicke in ihre Unternehmen erlauben:

> „Wenn sie sich anmelden wollen zum Audit, dann fangen die zu Lachen an. Da haben sie einfach keine Chance. Selbst wenn Siemens zum Auditieren kommt sagen sie: 'Ja das ist toll, aber interessiert uns nicht!' Da hat man also wenig Zugriff drauf" (#10).

Falls jedoch Verdachtsmomente (z. B. durch persönliche Kontakte) bezüglich Kinder- oder Zwangsarbeit sowie Missachtung von Menschenrechten vorliegen, wird gehandelt.

> „Da haben wir wenig Einfluss. Wenn wir solche Verdachtsmomente hätten, würden wir natürlich darauf hinwirken, dass man da nicht kauft" (#5).

Ein Eingreifen findet jedoch nur reaktiv aufgrund tatsächlich auftretender Gesetzesverstöße statt. Ein Reputations- oder Imageschadens für das befragte Unternehmen kann dann im schlimmsten Fall schon entstanden sein.

Verbrauch Produktion

„Geringer Energieverbrauch und geringer Materialverbrauch in der Produktion" sind eine Selbstverständlichkeit. Verschmutzung und Abfall werden als offensichtliche Ineffizienz gesehen (Porter und van der Linde 1995, S. 105).

Diesbezügliche Bemühungen der Interviewpartner zur Verbesserung von Nachhaltigkeit werden deshalb unterstützt. Die Gesprächspartner interpretieren solche Ineffizienzen als vermeidbare Kosten:

> „Ist natürlich, sind wir ehrlich, auch eine Kostenfrage" (#5).

Diese Aussage ist repräsentativ. Aspekte, die beeinflusst werden können, werden verbessert und optimiert. Regenerativen Energien wird eine zunehmend bedeutendere Rolle zugewiesen.

Rendite

„Hohe/langfristige Rendite" betrifft die ökonomische Dimension der Nachhaltigkeit und wird oft mit shareholderzentriertem Wirtschaften gleichgesetzt im Sinne von Friedman (1970) „The Social Responsibility of Business is to Increase its Profits". In der aktuellen Diskussion wird nicht mehr nur von Shareholderkapitalismus gesprochen, sondern auch von Kundenkapitalismus (Martin 2010, S. 76).

In den untersuchten Unternehmen liegt der Fokus bei diesem Punkt auf Langfristigkeit. Drei Gesprächspartner streichen den Begriff „hohe" von der Karte. Überhaupt erscheint dieser Punkt nicht unter den drei wichtigsten Karten. Der am häufigsten verwendete Terminus ist „ausreichende Rendite". Diese wird als Notwendigkeit für Substanzerhalt, Sicherung der Innovationsfähigkeit und erfolgreiche Weiterentwicklung erachtet.

> „Eine hohe Rendite kann man mal mitnehmen, aber sie sollte nie das Ziel sein, weil dann die Rendite in den Fokus kommt und nicht der Kunde. Und dann ist man falsch unterwegs" (#9).

Wissensmanagement

In der Karte „Wissensmanagement (z. B. Patente, interne Datenbanken)" spiegelt sich der Trend zur Wissensgesellschaft und die Notwendigkeit beständiger Innovation wider. Innovation wird als zentrale Aufgabe des Unternehmertums zum Wohle der Gesellschaft gesehen (Ahlstrom 2010, S. 12). Vor allem durch den Verlust der Wettbewerbsfähigkeit auf Märkten für Produkte aus Massenproduktion muss Deutschland seine Wettbewerbsfähigkeit durch

Innovationen bei qualitativ hochwertigen Gütern erhalten (Wengenroth 1997, S. 172).

Die Gesprächspartner sehen in Patenten nur einen geringen Schutz gegen Nachahmung. Sie heben die zentrale Rolle der Mitarbeiter hervor. Dabei wünschen sie sich eine Speicherung von deren Wissen in internen Datenbanken. Jedoch sehen sie aktuelle Softwarelösungen noch nicht als funktionsfähig und praktikabel an. Die Notwendigkeit zu einem professionellen Wissensmanagement wird von den Geschäftsführern erkannt.

Mitarbeiterfluktuation

„Geringe Mitarbeiterfluktuation" ist ein Wunsch, da durch Abwanderung von Mitarbeitern viel Wissen verloren geht. Zudem schafft Mitarbeiterbindung Wettbewerbsvorteile (Peters und Waterman 1984, S. 235 ff.; Simon 2007, S. 287 ff.).

Aufgrund des aktuellen Fachkräftemangels betonen die Gesprächspartner die Notwendigkeit, Mitarbeiter und insbesondere Leistungsträger langfristig an das Unternehmen zu binden. Als Hebel dazu werden neben gerechter Entlohnung auch die für KMU typische „familiäre" Atmosphäre und lokale Bindungen genannt. Ihnen geht es nicht um eine geringe Mitarbeiterfluktuation per se, sondern um eine gesunde Entwicklung der Belegschaft.

Förderung der Gemeinde

In der „Förderung der Gemeinde/Stadt/des sozialen Zusammenlebens (z. B. Vereine, Schulen etc.)" manifestiert sich auch ein Stück CSR, zumal solche Engagements auf Freiwilligkeit beruhen (Schäfer 2007, S. 11).

Die Antworten der Befragten sind sehr divers. Die Aussagen reichen von gar keinem Engagement mit dem Hinweis, dass dieser Aspekt bereits durch die Gewerbesteuer und Ausbildung von Jugendlichen erfüllt sei, bis hin zum Bereitstellen von Sachmitteln und Sponsoring. Die Gründe für ein Engagement außerhalb des Unternehmens beziehen sich zum einen auf die Mitarbeiter, denen eine gute Infrastruktur geboten werden soll, und zum anderen auf das persönliche Interesse des Geschäftsführers. Ein geringer Zusammenhang wird zwischen Sponsoring und Reputation gesehen. Anreize für sein Sponsoring sind mithin gering.

Verbrauch Produkt

Die Karte „Geringer Ausstoß von Emissionen & Abfallvermeidung über die gesamte Produktlebensdauer" betrifft die ökologische Dimension der Nachhaltigkeit. Während bei der Karte „Toxizität" vor allem Konsistenz und somit ökologische Kreislaufprozesse im Vordergrund stehen, sind in diesem Punkt auch Konsumaspekte relevant. Eine erhöhte Effizienz in der Nutzung und ein möglicher Verzicht des Kunden auf den Konsum (Suffizienz) sind Strategieansätze aus der Nachhaltigkeitsliteratur. Kunden sollen Produkte länger und intensiver nutzen, um ihre Bedürfnisse zu befriedigen (Boulding 1949-1950, S. 80). Dabei können Konzepte wie hybride Leistungsbündel[96] eine wichtige Rolle spielen (Tukker 2004, S. 257).

In der Auswertung machten die Gesprächspartner kaum einen Unterschied zwischen dieser Karte (produktbezogen) und der Karte „geringer Energieverbrauch & geringer Materialverbrauch in der Produktion" (produktionsbezogen). Emissionen und Abfall werden mit Kosten assoziiert, die nicht zuletzt gesetzlichen Auflagen zu verdanken sind. Die meisten Gesprächspartner stellen keine Betrachtungen über den kompletten Lebenszyklus ihrer Produkte an. Ein Unternehmen ist jedoch bestrebt, immer „grünere" Produkte zu produzieren (#1). Ein weiteres Unternehmen sieht im Life-Cycle-Management ein zukünftiges Geschäftsfeld (#9).

Arbeitsschutzmaßnahmen

Die Karte „Arbeitsschutzmaßnahmen (insbes. Reduktion von Krankheit und Arbeitsausfall)" wird in Deutschland durch das Arbeitsschutzgesetz klar definiert.

Die Vorgaben daraus werden nach übereinstimmenden Aussagen der Interviewpartner erfüllt, in manchen Fällen sogar übererfüllt. Themen wie Ergonomie und psychologische Belastungen rücken bei einigen Unternehmen, die Mitarbeiter als wichtige Ressource ansehen, mehr in den Fokus. Eine langfristige Leistungsfähigkeit der Mitarbeiter wirkt sich positiv auf die Rendite aus.

Demografie

Die Karte „Ausgewogene Demografie im Unternehmen" benennt Aspekte wie eine alternde Gesellschaft oder den Umgang mit Fachkräftemangel als zukünftige Herausforderungen (Loch et al. 2010, S. 100).

---

96 Häufig werden diese auch Produkt-Service-Systeme genannt, vgl. z. B. Mont 2002.

Die Demografie des Unternehmens wird überwiegend als nicht beeinflussbar angesehen. Durch Generationenwechsel verlieren Unternehmen Erfahrungen; sie gleichen diesen Verlust durch eigene Mitarbeiterausbildung aus. Zehn der zwölf befragten Unternehmen bilden selber aus (siehe Tabelle 11), einige über den eigenen Bedarf hinaus. Einstellungen erfolgen nach Qualifikation und nicht nach Alter. In Unternehmen, in denen der Mutterschutz eine Gefahrenquelle für den Verlust von Fachkräften bedeutet, entwerfen entsprechende Arbeitszeitmodelle. Einige Unternehmen schätzen in diesem Zusammenhang auch ihren Standort auf dem Lande.

Zertifizierungen

„Zertifizierungen z. B. nach ISO/DIN/EMAS/SA8000 etc." sind von externen Stellen vergebene „Auszeichnungen", die die Befähigungen eines Unternehmens hervorheben.

Die Einstellung in den untersuchten Unternehmen zu Zertifizierungen ist ambivalent. Die Meinung schwankt von „sehr wichtig" bis hin zu „bietet nur Scheinsicherheit" und „unwichtig", da ein funktionierendes Unternehmen keine Zertifizierung nötig hat. Zertifikate sind offenbar abhängig von der Kundengruppe (z. B. Automobilhersteller) und von der Unternehmensgröße. Größere Unternehmen benötigen standardisierte Prozesse, die während des Zertifizierungsprozesses häufig erstmals beschrieben werden. Daraus ergeben sich exakte Arbeitsabläufe und Stellenbeschreibungen, wodurch Schnittstellenprobleme reduziert werden. Gute Zertifizierungen sind teuer. Deshalb wird gründlich überlegt, ob diese einen Zusatznutzen für das Unternehmen bringen.

Sonstige Nennungen

Die sonstigen Nennungen der Gesprächspartner zu Nachhaltigkeitsthemen betreffen: globaler Footprint (i.S.v. globaler Präsenz, nicht ökologischer Fußabdruck), Zoll/Gesetzgebung, Bürokratie, Darstellung nach Außen/Reputation, Technologieführerschaft, Qualitätsführerschaft, Marktstellung, Innovationskraft, Fachkräftemangel und Schnelligkeit. Diese Aspekte korrespondieren, bis auf Zoll/Gesetzgebung und Bürokratie, durchaus mit dem typischen Nachhaltigkeitsverständnis der KMU. Alle Themen betreffen die Leistungserstellung für den Kunden. Zoll/Gesetzgebung und Bürokratie repräsentieren Randthemen, die von Seiten der KMU als wenig beeinflussbar gelten, aber starken Einfluss auf diese haben.

Wechselwirkungen zwischen den verschiedenen Themenfeldern werden von den Interviewpartnern nicht ausgeschlossen. So werden folgende Karten als zusammenhängend erachtet und dementsprechend gruppiert:

- „Diversitymanagement" und „Demografie",
- „Entlohnung", „Mitarbeiterfluktuation", „Schulung und Weiterbildung", „hohe soziale Leistungen für Mitarbeiter",
- „Korruption", „Kartellbildung", „Compliance", „Beachtung von Menschenrechten",
- „Kundenzufriedenheit" und „Zertifizierungen",
- „Verbrauch Produkt", „Verbrauch Produktion", „Recycling", „Toxizität".

Entscheidungen zu einzelnen Themen aus den obigen Gruppierungen haben in den Augen der Gesprächspartner häufig Auswirkungen auf die anderen Themen aus dieser Gruppe. So kann ein nicht zufriedenstellender Lohn die Mitarbeiterfluktuation in die Höhe treiben, aber genauso können durch Schulungen Mitarbeiter an das Unternehmen gebunden werden.

<u>Zusammenfassung</u>

Die einzelnen Strategieimplikationen zu den Karten sind stark kontextabhängig. Die Motivationen zum nachhaltigen Handeln lassen sich jedoch sortieren in:

- Ausdrücklicher Kundenwunsch (Kundenzufriedenheit, Zertifizierungen),
- Gesetzliche Vorgaben (Entlohnung, Toxizität, Recycling, Diversitymanagement, Korruption, Kartellbildung, Compliance, Verbrauch Produkt und Arbeitsschutzmaßnahmen),
- Finanzielle Anreize (Lieferantenbeziehungen, Schulung und Weiterbildung, Verbrauch Produktion, Rendite, Wissensmanagement, Mitarbeiterfluktuation und Demografie). Hierbei sind gewöhnlich eine langfristige Orientierung statt ein kurzfristiger Gewinn ausschlaggebend.
- Moralische Gesichtspunkte (Beachtung von Menschenrechten und Förderung der Gemeinde). Häufig werden diese indirekt berücksichtigt (Toxizität, Diversitymanagement oder Korruption).

Aus den unterschiedlichen Motivationen leiten sich unterschiedliche Strategieimplikationen für KMU ab.

5.5. Stakeholderkommunikation

Nachstehend erfolgt die Auswertung der Aussagen über Stakeholderkommunikation zwischen Managern und Stakeholdern. :

Kapitalgeber/Manager

Eine Abgrenzung zwischen KMU und familiengeführten Unternehmen ist schwierig, da viele KMU familiengeführt sind (siehe Kapitel 2.2.5). Auch in dieser Untersuchung sind die meisten Geschäftsführer Eigenkapitalgeber der Unternehmen. Die befragte Aktiengesellschaft ist stiftungsgeführt und ein Großteil der Aktien wurde in die Stiftung übertragen.[97] Zwei Unternehmen werden von Managern geführt, welche das Unternehmen vom Unternehmensgründer gekauft hatten; die Unternehmensgründer sind jedoch weiter mit einem geringen Eigenkapitalanteil am Unternehmen beteiligt. Der Rest der Unternehmen ist entweder im Besitz des Gründers oder der Familie des Unternehmensgründers. Durch die Personalunion von Unternehmenseigner und Unternehmensführung ist eine formelle Kommunikation zwischen Kapitalgebern und Management hinfällig. Nur die Aktiengesellschaft unterliegt dem Aktiengesetz und dessen Berichts- und Auskunftspflichten.

Mitarbeiter

Mitarbeiter haben in den befragten KMU einen hohen Stellenwert, was sich in einer intensiven Kommunikation zwischen Management und Mitarbeitern manifestiert. Tägliche Absprachen, z. B. informell bei der morgendlichen Begrüßung oder formell in Besprechungen, sind die Regel. Die gesamte Belegschaft wird mindestens zwei Mal pro Jahr (Betriebsversammlung), oft sogar bis zu sechs Mal pro Jahr (zweimonatliche Updates) unterrichtet. Besprechungen mit den oberen Führungsebenen finden wöchentlich statt. Die Manager legen auch Wert auf eine „Open-Door-Policy" und bieten sich für Gespräche mit allen Mitarbeitern regelmäßig an.

Kunden

Die Kommunikation mit dem Kunden findet im Vergleich zu anderen Stakeholdern am intensivsten statt. Wichtig ist das regelmäßige Abprüfen der Kundenzufriedenheit. Mit dem Kunden wird meist bedarfsgesteuert und projektabhängig kommuniziert. Obwohl zu Kunden auch außerhalb von Projekten der Kontakt gehalten wird, findet die Kommunikation vor allem in Projekten

97 Zu Besonderheiten von stiftungsgeführten Unternehmen vgl. Fleschutz 2008.

statt, und zwar fast täglich. Während es für die Kommunikation mit Mitarbeitern feste Zeiten gibt, wird mit Kunden oft informell und weniger strukturiert kommuniziert. Nur ein Unternehmen verwendet ein Softwaretool, um die Kundenkontakte systematisch zu unterstützen. Ein Reklamationsmanagement wird für die Kundenbindung positiv bewertet.

Lieferanten

Kommunikation mit den Lieferanten findet entweder im Rahmen von Audits oder problembezogen im direkten Gespräch statt. Ein Interviewpartner bindet seine Lieferanten aktiv in Zukunftsplanungen ein, indem er konkret Erwartungen bezüglich zukünftiger Projekten kommuniziert. Die meiste Kommunikation findet auf Abteilungsebene statt. Kommunikation mit Lieferanten zu wichtigen Geschäftsaspekten ist Chefsache.

Gesetzgeber

Die Interviewpartner sehen keine Notwendigkeit für eine Kommunikation mit dem Gesetzgeber bzw. mit Behörden. Der Gesetzgeber und dessen Organe werden eher als Störfaktor gesehen, und die Kommunikation mit Behörden wird auf das Nötigste beschränkt. Unvermeidbare Kommunikation erfolgt nach Amtsanfragen oder nach gesetzlicher Vorgabe. Diese Kommunikation wird an die jeweiligen Fachabteilungen delegiert.

Umweltorganisationen

Mit Umweltorganisationen findet so gut wie kein Informationsaustausch statt. Falls es zu Anfragen kommt, werden diese ebenfalls an die jeweiligen Fachabteilungen delegiert.

Organisationen mit sozialen Belangen

Mit sozialen Organisationen (z. B. Schulen, Tafel, Vereine etc.) wird nur auf lokaler Ebene kommuniziert. In der Regel geht der Impuls von den Organisationen aus (z. B. Anfragen für Praktika von Schulen, Spendenanfragen). Aber auch das persönliche Interesse der Geschäftsführer kann zu Kontakten führen, sofern diese in Vereinen oder Stiftungen aktiv sind.

Sonstige

Weitere Kontakte, etwa zu Instituten der Weiterbildung, Medien (vor allem lokale Zeitungen), etc., finden nur bei Bedarf statt. Dabei sind die Unternehmen bei Anfragen von Zeitungen oder Rundfunk durchaus bereit, Informationen weiterzugeben.

Zusammenfassung

Die Aussagen der Interviewpartner zur Kommunikation mit den Stakeholdern waren sehr knapp gehalten. Während Kunden, Mitarbeiter und Lieferanten bei den Kommunikationsbemühungen der Geschäftsführer im Fokus stehen und die Beziehungen regelmäßig und intensiv gepflegt werden, erfolgt eine Kommunikation mit den übrigen Stakeholder nur bei eigenem Bedarf (Weiterbildung, Information) oder äußeren Zwängen (gesetzliche Vorgabe, Anfragen). Das Management von Stakeholderbeziehungen ist noch kein fester Bestandteil des strategischen Denkens und Planens in KMU.

6. Diskussion und Interpretation der Ergebnisse

In diesem Kapitel werden die aus Kapitel 5 ausgewerteten Daten diskutiert und interpretiert. Dabei werden das Nachhaltigkeitsverständnis von KMU erläutert und die Ergebnisse im Sinne der ST ausgelegt. Aus den interpretierten Ergebnissen werden 15 Strategieimplikationen abgeleitet und in einer Matrix zusammengefasst. Das Kapitel schließt mit einer Betrachtung zur Strategiefindung in KMU.

6.1. Nachhaltigkeitsverständnis

KMU haben ein eigenes Verständnis von Nachhaltigkeit, das von dem großer Unternehmen divergiert. Menzel und Günther (2011) haben empirisch nachgewiesen, dass das generelle Nachhaltigkeitsverständnis von KMU mit den Aspekten Kontinuität und Langfristigkeit verbunden ist.

> „Nachhaltigkeitsaktivitäten werden [...] in einen strategischen Gesamtrahmen integriert und dienen im Sinne von Dauerhaftigkeit der Zukunftssicherung des Unternehmens" (Menzel und Günther 2011, S. 107).

Dieser Umstand lässt spezifische Strategieimplikationen vermuten. Ein solches Verständnis von Nachhaltigkeit (im Weiteren „enge Nachhaltigkeit") konfligiert mit den vorherrschenden Vorstellungen von Nachhaltigkeit auf makroökonomischer Ebene, der Politik oder der einschlägigen Wissenschaft (im Weiteren „erweiterte Nachhaltigkeit"). Nach einem solchen erweiterten Nachhaltigkeitsverständnis sollte ein Unternehmen nur so lange existieren, wie es einen Beitrag zur ökologischen, sozialen und ökonomischen Nachhaltigkeit leisten kann und somit den Business, Societal und Natural Case[98] erfüllt. Ist das nicht mehr gegeben, steht für das betroffene Unternehmen ein Ausscheiden aus dem Marktgeschehen an. Dieser auf der Makro-Ebene durchaus als positiv interpretierbare Automatismus greift damit noch nicht auf der Mikro(ökonomischen)-Ebene. Dem Management einer Unternehmung mag zwar, u. U. gestützt auf entsprechende Kennzahlen, bewusst sein, dass das Unternehmenshandeln ökologisch und sozial nicht verträglich ist; es wird in dieser Wahrnehmung aber wohl kaum einen Grund zur Selbstauflösung sehen. Stattdessen wird das Management eher Anstrengungen zur Verringerung der ökologischen und sozialen Last unternehmen. Das Ziel des langfristigen Überlebens ist aus Sicht der KMU nachvollziehbar und sinnvoll. Daraus leiten sich entsprechende Handlungsweisen ab.

Nachhaltigkeit für Unternehmen muss drei Kriterien erfüllen (Hahn und Figge 2011, S. 327):

---

98 Siehe Abb. 2 in Kapitel 2.1.2.

1. Instrumente zur Messung von nachhaltigem Unternehmenshandeln sollten Belege dafür liefern, dass solches Handeln auch den primären Unternehmenszielen dient. Da die langfristige Unternehmenssicherung immer wieder als das ultimative Ziel von KMU benannt wird, stehen für diese als Unterstützer des Unternehmenshandelns vor allem die marktnahen bzw. primären Stakeholder (Eigentümer, Manager, Mitarbeiter und Kunden) im Vordergrund.

2. Entscheidungen, die Nachhaltigkeit betreffen, sollten integraler Bestandteil wichtiger Unternehmensentscheidungen sein. Im Idealfall sollte ökonomische mit sozialer und ökologischer Rationalität harmonieren. Allerdings dürften KMU ökologisch motivierte Anforderungen aus der Makro(ökonomischen)-Ebene kaum ohne entsprechende Gesetzgebung erfüllen (Frey 1993, S. 67 ff.). Hilfreich für nachhaltigkeitsbezogenes Unternehmenshandeln und eine Unterstützung desselben durch eine entsprechende Haltung der primären Stakeholder dürften jedoch die Transparenz von Fortschritten in Nachhaltigkeitsanstrengungen und deren positive Beiträge zu den kardinalen Unternehmenszielen sein.

3. Nachhaltigkeitsverhalten muss auch praktikabel sein. Das ist der Fall, wenn es Eingang in Managementkonzepte findet, wenn etwa im Controlling Kennzahlen zur Nachhaltigkeit Verwendung finden. Das würde eine Erweiterung des Business Case (siehe Abb. 2) bedeuten.

Wird diesen Kriterien nicht entsprochen, bleibt Nachhaltigkeit allein in der ökonomischen Dimension verhaftet, was nur dem Business Case entspricht. Die Langfristorientierung von KMU ist eng mit ökonomischer Wertorientierung, und als Voraussetzung dazu mit Kundenorientierung verbunden. Auf Dauer zufriedene Kunden sind die Basis für nachhaltig finanziellen Erfolg. Erreicht wird Kundenzufriedenheit vor allem durch hohe Leistungsqualität, schnelle Reaktion auf (und Befriedigung von) Kundenwünsche(n), ausgeprägte Innovationsfähigkeit und kundenzentrierte Problemlösungen. Qualität kann u. a. auch im Sinne von gesundheitsfördernd und ökologisch verträglich interpretiert werden. Hinter Schnelligkeit und Innovationskraft stecken zwei Fähigkeiten zur Entwicklung, Produktion und Vermarktung von Produkten, die Ansprüche an ein „neues" Qualitätsverständnis erfüllen, aber auch neue Kundenwünsche schaffen und befriedigen können. Diese vier Aspekte werden von den Interviewpartnern auch als Quellen für Wettbewerbsvorteile ausgemacht. Die meisten der interviewten Geschäftsführer haben ein Nachhaltigkeitsverständnis, das dem nach Bos-Brouwers (2010, S. 431), wonach Innovation eine Notwendigkeit für langfristigen Überleben ist, entspricht. Ein derartiges, an der Suche nach neuen Lösungen festgemachtes Nachhaltigkeitsverständnis birgt die Chance, den Business Case in Richtung Natural Case und Societal Case zu erweitern.

Die KMU richten ihre Geschäftstätigkeit und somit ihre Strategien in erster Linie an einem kontinuierlichen Fortbestehen des Unternehmens aus. Die Möglichkeiten eines Natural oder Societal Case werden dabei gegenwärtig kaum berücksichtigt. Um die Geschäftspotentiale einer dementsprechenden Case-Erweiterung zu realisieren, dürfen KMU ihre Beziehungspflege nicht nur auf Kapitalgeber, Mitarbeiter und Kunden reduzieren, sondern müssen diese auf alle relevanten Stakeholder ausdehnen. Ein solchermaßen erweitertes Nachhaltigkeitsverständnis befördert die Legitimation des Unternehmens durch alle relevanten Stakeholder und kann gleichzeitig ein Tor zu neuen Geschäftspotenzialen öffnen. Bei deren Realisierung können KMU auf ihre Grundtugenden wie Anpassungsfähigkeit, Innovationsfähigkeit, Problemlösungskompetenz und Spezialisierung bauen. Während Bos-Brouwers (2010, S. 430) in Öko-Effizienz mit dem Primärziel der Kostenreduktion oder auch Compliance zum Gewinnen und Erhalten von Legitimation eher kurzfristig wirksame Enabler zur Entsprechung einer erweiterten Nachhaltigkeit sieht, reklamieren die interviewten Unternehmensführer Effizienz und Compliance als selbstverständliche, in der „schwäbischen Unternehmermentalität" verinnerlichte Grundwerte. Beide Aspekte werden als notwendige, aber nicht hinreichende Voraussetzungen für langfristig erfolgreiche Geschäftstätigkeit interpretiert. Ein singuläres Ausrichten an Compliance ist zudem kritisch, da ein kurzfristiges Reagieren auf Gesetzesänderungen zusätzliche Turbulenzen im Geschäftsalltag verursachen kann.

Nachhaltiges Verhalten in einem umfassenden Sinn eröffnet dennoch die Möglichkeit im Spiel zu bleiben (Tainter 2006, S. 100). Es bietet sich damit als Leitbild zur Strategiefindung an.

6.2. Anwendung der Stakeholdertheorie auf KMU

KMU müssen sich ebenso mit Ansprüchen von Stakeholdern auseinandersetzen wie große Unternehmen. Allerdings sind in der Regel die Stakeholder von KMU weniger zahlreich und die Individuen innerhalb einer Stakeholdergruppe geringer. KMU haben gewöhnlich nur wenige Standorte (häufig nur einen Standort), die anders als bei großen Unternehmen noch in kleinen Städten oder Landgemeinden liegen. Daraus ergeben sich z. T. spezifische Merkmale der Stakeholder von KMU.

1. Genauer definierte Stakeholder

KMU haben organisationale Strukturen, die verglichen mit denen von großen, vor allem multinationalen Unternehmen, weniger komplex sind. Ihr Kundenstamm ist kleiner und klarer abgegrenzt, da sie häufig in Nischen oder Regionen operieren. Die Ansprechpartner für Lokalpolitik, Behörden oder lokale Medien können oft namentlich benannt werden. Daraus ergibt sich eine überschaubarere „Stakeholder Map“[99], die ein gezieltes Stakeholdermanagement erleichtert. Aussagen wie: „99 % der Kunden sind bekannt“ (#10) unterstreichen das.

2. Größerer Druck aufgrund der Stakeholderstruktur

Die Stakeholdergruppen sind gewöhnlich nicht nur kleiner, sondern auch besser vernetzt. So umfasst die Gruppe der Arbeitnehmer in der Regel bis maximal 250 Mitarbeiter, die sich weitgehend persönlich kennen. Das erleichtert das Artikulieren und Abstimmen von Ansprüchen der Stakeholder. Solchermaßen gezieltes und gebündeltes Auftreten verleiht den Stakeholdern mehr Macht, die sich in Form eines größeren Drucks auf das Unternehmen auswirken kann. Ein kleines in einer Landgemeinde lokalisiertes Unternehmen ist zudem sichtbarer als ein Unternehmen derselben Größe in einer Großstadt.

3. Stakeholder in Personalunion

Häufig nehmen Personen zwei oder mehr Stakeholderrollen ein. So ist in KMU der Eigentümer oft auch der Geschäftsführer. Dieser ist häufig noch Mitglied in Arbeitgeberverbänden oder agiert anderweitig öffentlichkeitswirksam (z. B. in der Lokalpolitik als Gemeinde- oder Stadtrat).

> „Ich bin Teil dieser Gemeinde und nehme dann natürlich auch persönlich Pflichten wahr“ (#1).

Solche multifunktionalen Stakeholder können aufgrund ihrer Stakeholderrollen in Zielkonflikte geraten. Das muss jedoch nicht zwingend negativ sein, da solche Mehrfachrollenspieler sich gewöhnlich nicht als Altruisten verstehen, sondern mit gesundem Egoismus Win-Win-Situationen anstreben.

4. Persönliche und informelle Beziehungen

Eine geringe Anzahl von Stakeholdern erleichtert das Entstehen persönlicher, meist informeller und langfristiger Beziehungen und befördert Zusammenarbeit. Dass der Wert solcher Beziehungen von den befragten Geschäftsführern erkannt wird, zeigt folgende Aussage:

---

99 Siehe dazu Kapitel 3.1.2.

„Das Meiste geht über persönliche Beziehungen, die hier einfach entstehen oder aufgebaut werden. Das durch Formalismen zu ersetzen würde viel kaputt machen" (#12).

Persönliche Beziehungen können z. B. Transaktionskosten mindern, da Prozesse der Anbahnung nicht immer wiederholt werden müssen.

5. Erschwerte Substitution der Stakeholder

Viele Stakeholderrollen sind nur einfach besetzt. Im Gegensatz dazu nutzen große Unternehmen etwa die Dienste mehrerer Banken, haben für bestimmte Stellen Personal mit redundanten Qualifikationen oder beziehen den gleichen Rohstoff von mehreren Lieferanten. Diese Redundanz können sich KMU gewöhnlich nicht leisten.

Daraus ergeben sich für KMU diverse Risiken, z. B. durch Wissenslücken bei Verlust von Mitarbeitern oder erhöhte Abhängigkeit von Lieferanten.

Fazit: Größere Abhängigkeiten von den Stakeholdern

Die genannten Aspekte zeigen spezifische Charakteristika der Stakeholder von KMU auf. Sie verstärken die Abhängigkeiten der Stakeholder wie folgt untereinander:

1. Die Unternehmen richten sich stärker an den Bedürfnissen und den Ansprüchen der bekannten Stakeholder aus.
2. Sie werden mehr gezwungen, auf die Stakeholderansprüche einzugehen, da sie Konsequenzen einer Nichtbeachtung fürchten müssen.
3. Doppelrollen von Managern und Eigentümern oder Mitarbeitern und Kunden müssen in strategischen Entscheidungen berücksichtigt werden, da sie Konflikte implizieren können.[100]
4. Persönliche und direkte Kommunikation erhöht die moralische Intensität[101] von Ansprüchen.

---

100 Ein Beispiel hierzu: Wenn ein Geschäftsführer gleichzeitig im Gemeinderat tätig ist, würde er in der Rolle als Geschäftsführer z. B. eine direkte Autobahnzufahrt als geschäftsfördernd befürworten, in der Rolle als Gemeinderat steht die Lebensqualität und die Ruhe in der Gemeinde im Vordergrund, was zur Ablehnung einer Autobahnzufahrt führen würde.

101 Zum Thema „moralische Intensität" siehe Kapitel 2.1.1.

5. Fehlende Substitutionsmöglichkeiten zwingen zum Erhalten des Status Quo.[102]

Die hier ausgeführten Abhängigkeiten des Unternehmens von den Stakeholdern sind, wie der RV[103] zeigt, nicht negativ zu interpretieren. Beispiel hierfür ist die Abhängigkeit zwischen Unternehmen und Kunde. Eine hohe Kundenbindung führt eher zu sicheren Aufträgen, bedingt aber auch die Erfüllung von kundenspezifischen Anforderungen und die entsprechende Weiterentwicklung des Leistungsangebots. Ebenso kann die Abhängigkeit zwischen Mitarbeitern und Unternehmen eine Quelle für Stabilität sein: Mitarbeiter wissen um ihren Wert im Unternehmen und das Unternehmen bemüht sich, die Mitarbeiter zu halten. Im Gegensatz dazu können größere Unternehmen aufgrund eines höheren Bekanntheitsgrads und einer besseren finanziellen Ausstattung im Allgemeinen auf einen größeren Bewerberpool, der mehr Flexibilität in der Reaktion auf Personalfluktuationen erlaubt, zurückgreifen.

Die genannten Aspekte begünstigen ein aktives Stakeholdermanagement und bieten eine Reihe von Vorteilen:

1. Stakeholder können klarer adressiert werden. Das spart Zeit und Kosten.
2. Ansprüche können zielgerichteter erfüllt, Geschäftspotentiale besser erkannt und Kosten eher eingespart werden.
3. Doppelrollen von Stakeholdern helfen, Win-Win-Situationen zu realisieren. Zielkonflikte müssen dabei nicht auf Unternehmensebene ausgetragen werden, was zu Zeit- und Kostenersparnissen führt.[104]
4. Persönliche Verbindungen bieten einen Mehrwert, insbesondere wenn sie von Vertrauen geprägt sind, der sich allerdings monetär kaum bewerten lässt.
5. Fehlende Substitutionsmöglichkeiten schaffen Sicherheit in turbulenten Umwelten. So sind Unternehmen mehr bemüht, ihre Mitarbeiter zu

---

102 Wenn Stellen im Unternehmen nicht redundant besetzt werden können, ist eine geringe Mitarbeiterfluktuation durch eine hohe Mitarbeiterbindung zwingend notwendig, um Wissensabfluss und Störungen in den Geschäftsprozessen zu vermeiden.

103 Siehe dazu Kapitel 3.2.1 und 3.2.2.

104 Zurück zum Beispiel aus Fußnote 100: Die Person mit den Rollen „Geschäftsführer" und „Gemeinderat" wird möglichst versuchen, einen Kompromiss zu erzielen, der beiden Rollen gerecht wird. Dies geschieht, da eine Personalunion vorliegt, nicht mittels Lobbyarbeit oder Blockade von Entscheidungen, sondern durch das objektive abwägen von Vor- und Nachteilen beider Standpunkte und einer möglichst sinnvollen Kompromiss für beide Rollen.

halten, wenn ihnen bewusst ist, dass ein kurzfristiger Ersatz nicht möglich ist. Das kann wiederum die Loyalität des Mitarbeiters zum Unternehmen erhöhen.

Es kann argumentiert werden, dass KMU keine Ressourcen für das Stakeholdermanagement haben. Dem kann entgegengehalten werden, dass ein geschicktes Stakeholdermanagement nicht unbedingt zusätzliche Ressourcen wohl aber eine bessere Ressourcenallokation (bezüglich Zeitmanagement der Geschäftsführung) erforderlich macht. Es geht hier um eine Ausdehnung, auch Intensivierung der Interaktion mit relevanten Stakeholdern. Beide Aspekte beeinflussen die Entstehung einer Stakeholderkultur – shareholderzentriert oder moralisch.[105] Eine moralische Stakeholderkultur (Jones et al. 2007, S. 145), die eine erweiterte Unternehmenslogik[106] (Crilly und Sloan 2012, S. 1174) impliziert, adressiert die genannten Aspekte. Unternehmen handeln grundsätzlich nach einer „dominant logic" (Prahalad und Bettis 1986, S. 491, 1995), die aus der „managerial dominant logic" (Kor und Mesko 2013, S. 234 ff.) – der Art und Weise in der Manager das Unternehmensgeschäft verstehen und über die Allokation kritischer Ressourcen entscheiden – resultiert. Die dominante Logik eines Unternehmens repräsentiert die Weltsicht seiner Geschäftsführung, deren fundamentale strategische Überzeugungen und wie sie das Unternehmen in dessen Geschäftsumfeld eingebettet sieht (Lampel und Shamsie 2000, S. 601 f.; Zahn 1997, S. 11 f.).

Die erweiterte Unternehmenslogik[107] schließt die Sicht auf die Stakeholder und die Interaktionen mit diesen ein. Begründungen zum Aufbau eines Beziehungsgeflechts mit den verschiedenen Stakeholdern können aus der relationalen Perspektive und der Stakeholdertheorie entlehnt werden.

Shareholderzentrierte Kulturen wirken abschottend und begünstigen eine firmenzentrische Unternehmenslogik. Eine „moralische" Stakeholderkultur, welche die Ansprüche aller relevanter Stakeholder einbezieht und einer erweiterten Unternehmenslogik entspricht, begünstigt hingegen den Beziehungsaufbau und hilft, Strategien für das Stakeholder- bzw. Beziehungsmanagement abzuleiten. KMU erhalten Legitimation seitens ihrer Stakeholder auch aus Gewohnheit und Pragmatismus[108] (Suchman 1995, S. 577–585), was

---

105 Siehe Tab. 5 in Kapitel 3.1.4.

106 Konzeptionalisierung der Beziehung von Unternehmen und Gesellschaft durch die Geschäftsführung – auch im Sinne eines erweiterten Nachhaltigkeitsverständnisses, siehe dazu Tab. 6 in Kapitel 3.1.4.

107 Der Fokus der dominanten Logik wir durch die erweiterte Unternehmenslogik über die Unternehmensgrenzen hinaus verschoben, vgl. Crilly und Sloan 2012, S. 1176.

108 So führt das Eigeninteresse der Stakeholder zu einer pragmatischen Legitimation. Wenn eine Person ein Kollektivgut selber nutzt, akzeptiert er auch die Nutzung des Gutes durch andere.

sich auf allmählich entstehende Abhängigkeiten und eingespielte Beziehungsstrukturen mit persönlichen Bekanntschaften zurückführen lässt.

Eine erweiterte Unternehmenslogik fördert zudem partizipative Strategieprozesse. Stakeholder können an Entscheidungsprozessen teilnehmen, wodurch sich die Alleinverantwortung der Geschäftsführung zu nachhaltigem Unternehmenshandeln verringert (Menzel und Günther 2011, S. 107). Jedoch spielt die Motivation der Manager, die den Umgang mit Stakeholdern und somit das Stakeholdermanagement prägt, eine große Rolle. Eine identifizierte Motivation[109], die einem geringen Grad an externer Kontrolle und großer Autonomie der Akteure entspricht, ist dabei von Vorteil. Der Manager identifiziert sich mit seiner „nachhaltigen" Tätigkeit (Behringer und Meyer 2011, S. 24 f.), er reagiert auf Ansprüche von Stakeholdern und integriert diese in seine Strategiefindung für das Unternehmen. Daraus entstehende Interaktionen mit den Stakeholdern sind Voraussetzung für eine moralische Stakeholderkultur.

Innovationen sind für ein langfristiges Bestehen von Unternehmen unerlässlich (Bos-Brouwers 2010, S. 431). Die Befähigung dazu kann auch aus Netzwerkbeziehungen, die relationale Renten[110] ermöglichen, resultieren (Dyer und Singh 1998). Auch dieser Aspekt spricht für eine erweiterte Unternehmenslogik und eine moralische Stakeholderkultur.

6.3. Strategieimplikationen für KMU

6.3.1. Entwurf einer Strategie-Matrix

Wenn ein erweitertes Nachhaltigkeitsverständnis als „Paradigma" für die Strategiefindung herhalten soll, dann bedeutet das die Integration von Business, Natural und Societal Case.[111] Welche Strategieimplikationen ergeben sich aus dieser Integration für KMU?

Zunächst ist festzuhalten, dass das Nebeneinander von unterschiedlichen Nachhaltigkeitsverständnissen auf der Makro- und der Mikroebene einen „Misfit" darstellt und unnötige Turbulenzen bewirkt.[112] Das kann etwa der Fall

---

[109] Siehe Abb. 3 in Kapitel 2.1.3.

[110] Vgl. dazu Dyer und Singh 1998: Sie benennen 4 Arten von relationalen Renten, wie in Kapitel 3.2.2. dargestellt. Davon ist eine in einem regulären Wissensaustausch begründet und zielt auf das Generieren von Innovationen ab.

[111] Siehe Abb. 2 in Kapitel 2.1.2.

[112] Ein Beispiel hierzu: Automobilhersteller sehen eine Reduktion des Spritverbrauches bzw. des CO_2-Ausstosses als nachhaltig an. Gesamtwirtschaftlich wird jedoch eine Reformierung des Mobilitätsverständnisses als nachhaltig angesehen, vgl. hierzu Reichel und Seeberg 2011.

sein, wenn Unternehmen allgemein und speziell KMU per Gesetz ein bestimmtes „Tun" aufoktroyiert wird. Mit der Cases-Integration kann nicht nur ein entstehender Konflikt vermieden, sondern auch ein enges Nachhaltigkeitsverständnis überwunden werden. Ein Nachhaltigkeitsverständnis, das die engen Nachhaltigkeitssichten der einzelnen Cases zu einer weiten Nachhaltigkeit vereinigt, kann dann angestrebt und erreicht werden. Damit verbunden ist eine Transformation von einer „shareholderzentrierten" zu einer „moralischen" Stakeholderkultur.

Die nachstehend diskutierten Strategieimplikationen setzen an den prozessualen Ebenen eines Stakeholdermanagement nach Freeman (1984, S. 52–74) an. Diese sind in Tabelle 12 den in Unterkapitel 6.2. herausgearbeiteten Stakeholdermerkmalen gegenübergestellt. Die drei prozessualen Ebenen zum Stakeholdermanagement sind: rationale Ebene, organisationale Ebene und Beziehungsebene.[113] In Matrixform wird jeder Ebene und jedem Merkmal eine Strategieimplikation zugeordnet (nummeriert von 1 bis 15) und nachfolgend diskutiert. Jede Implikation, die der Nachhaltigkeits- oder Stakeholderliteratur entspricht, berücksichtigt ein spezifisches Stakeholdermerkmal auf der entsprechenden prozessualen Ebene und betrifft einen Aspekt im erweiterten Nachhaltigkeitsverständnis.

Ebene **Merkmale**	**Rationale Ebene**	**Organisationale Ebene**	**Beziehungsebene**
Definierte Stakeholder	1. Identifikation der Stakeholder	6. Holistische Produktbetrachtung	11. Anstoßen von Erneuerungsprozessen
Höherer Druck	2. Ermittlung von Störgrößen	7. Entwurf hybrider Leistungsbündel	12. Holistische Produktkalkulationen
Personalunion	3. Kongruente Zielsetzungen	8. Förderung regionaler Netzwerke	13. Konsequente Professionalisierung
Persönliche Beziehungen	4. Förderung des Stakeholderdialogs	9. Aktivierung von Stakeholdern	14. Intelligente Entscheidungsstrukturen
Fehlende Substitution	5. Erhalt dezentraler Strukturen	10. Förderung der Diversität	15. Entwurf von Strategiealternativen

Tab. 12: Strategie-Matrix: Strategieimplikationen für KMU

113 Siehe dazu Kapitel 3.1.1.

6.3.2. Rationale Ebene

Die Ansicht, dass Stakeholder rein opportunistisch agieren, ist überholt. Sie handeln eher in einem „begrenzten Selbstinteresse", oder „opportunistisch in bestimmten Grenzen", was auf Reziprozität basiert. Unternehmen müssen deshalb unterscheiden lernen, wann Stakeholder nicht opportunistisch, sondern prinzipientreu handeln. Die Wechselseitigkeit von Interaktionen hängt davon ab, ob der Gegenüber als fairer Partner angesehen wird oder nicht (Bosse et al. 2009, S. 451). Gegenseitiges Vertrauen, welches durch ein aktives Stakeholdermanagement gefördert wird, kann zu einem Wettbewerbsvorteil führen, da dadurch die Reputation und die Legitimation das Unternehmens gestärkt werden und in der Folge nutzenstiftende Interaktionen vermehrt stattfinden (Jones 1995, S. 415).

1. Für ein Stakeholdermanagement bedarf es zunächst einer genauen Identifikation der relevanten Stakeholder. Diese wird im Fall von KMU durch gut abgegrenzte und leichter definierbare Stakeholder begünstigt. Hilfreich ist dabei eine „Stakeholder Map", welche nicht nur die relevanten Stakeholder enthält, sondern auch die Beziehungen einer KMU zu seinen Stakeholdern und deren Beziehungen untereinander offenlegt. Einen weiteren Weg weisen Hart und Sharma (2004, S. 9 ff.), die mittels „Radical Transactiveness"[114] Stakeholder, die im normalen Tagesgeschäft unerkannt bleiben, identifizieren. Sie nennen dazu vier Ansatzpunkte:

- „Fan out": Bekannte und aktuelle Stakeholder werden zu Stakeholdern an der Peripherie befragt, um eine vollständige Stakeholder Map zu zeichnen.
- „Putting the Last First": Ansprüche, die bisher als unbedeutend wahrgenommen wurden, werden in den Mittelpunkt gestellt.
- „Fan in & Generating Complex Interactions": Mit ungeliebten Stakeholdern wird ein Dialog begonnen. Dadurch können u. U. neue Impulse für Produktinnovationen geschaffen werden.
- „Reconciling Contradictions": Offensichtliche Widersprüche zwischen dem bisherigen Geschäftsmodell und aktuellen Entwicklungen werden angesprochen.

Mit diesem Vorgehen können systematisch wertvolle Einsichten in das relevante Stakeholdersystem und dessen Veränderungen gewonnen werden.

---

114 „Radical Transactiveness" bezeichnet lt. Hart und Sharma 2004 eine dynamische Fähigkeit, die systematisch Stakeholder und deren Ansprüche identifiziert und in das Unternehmen integriert.

2. Das Stakeholder Dashboard (Strand 2008, S. 26 ff.) als Managementtool hilft, Stakeholder sowie deren Ansprüche sichtbar zu machen und eine klare Aufgabenspezifikation und -verteilung für die Stakeholderbetreuung vorzunehmen. Als Grundlage dafür bietet sich wiederum eine Stakeholder Map, die einen Soll-Ist-Vergleich der Anspruchserfüllung aufzeigt, an. Auf diese Weise können potentielle Störfaktoren eher ermittelt und auf Turbulenzen kann schneller reagiert werden. Neue von den Stakeholdern ausgehende Ideen und Impulse können so systematischer erfasst und zielbewusster verarbeitet werden.

3. Stakeholder, die mehrere Rollen einnehmen, bedürfen einer besonderen Beachtung, und zwar insofern, als es hier gilt, Zielkonflikte möglichst schnell zu erkennen und zu lösen. Die betroffenen Personen sollten über bestimmte Themen, Initiativen usw. informiert werden, bevor sie zu kritischen Opponenten des Unternehmens werden können. Klare Unternehmensrichtlinien, z. B. in Form eines Business Codes, können helfen, unklare Situationen zu klären.[115] Das spart Zeit und Kosten.

4. Persönliche und informelle Beziehungen fördern den Stakeholderdialog. Dagegen erzeugen etwa formalisierte Mitarbeiter- und Lieferantenkontakte eine Atmosphäre des Unpersönlichen. KMU, die mit ihren Mitarbeitern und Lieferanten im laufenden Dialog stehen, haben hier Vorteile. Sie bekommen schnelle, problembezogene Rückkopplungen und können auf diese früher, gezielter und flexibler antworten. Persönliche und informelle Kommunikation wird häufig als „Networking" bezeichnet.[116] Dabei steht die „relationale" Interaktion[117], also wiederholte und unbefristete Kontakte, im Vordergrund.

5. Da die „dominante" Logik eines Unternehmens aus den „dominanten Logiken seiner Manager" resultiert (Kor und Mesko 2013, S. 236), kommt deren Erkenntnissen und Überzeugungen bei der Wahrnehmung von Stakeholderansprüchen eine besondere Rolle zu (Crilly und Sloan 2012, S. 1190). In KMU wird diese Rolle der unternehmensbezogenen Wahrnehmung primär vom Unternehmer bzw. den Mitgliedern der Geschäftsführung, aber auch von weiteren exponierten Führungskräften wahrgenommen. Der Umstand, dass diese Verantwortungsträger ihr Unternehmen und dessen Rolle im Stakeholderkontext in den einzelnen Unternehmen wohl unterschiedlich sehen, erklärt, weshalb einige Unternehmen die Stakeholderproblematik besser ange-

115 Siehe Kapitel 2.1.4. unter „Zertifizierung/freiwillige Leitlinien".

116 Networking kann inzwischen über Plattformen wie Xing, Facebook oder LinkedIn betrieben werden. Für Networking über Social Media hinaus siehe z. B. Ferrazzi und Raz 2007.

117 Im Sinne von Crilly und Sloan 2012, S. 1178.

hen als andere. Dezentralisierte Unternehmen setzten gleichsam auf dominante Logiken mehrerer Führungskräfte und erweitern somit die kollektive Wahrnehmungsfähigkeit des Unternehmens.

6.3.3. Organisationale Ebene

Auf dieser Ebene werden Strategien zum Aufbau, zur Pflege und zur Veränderung von Stakeholderbeziehungen betrachtet. Stakeholderansprüche müssen im Unternehmenskontext verstanden und interpretiert werden. So können Entscheidungen, die das Umfeld des Unternehmens betreffen besser an bestehende und sich verändernde Stakeholderansprüche ausgerichtet werden. Unternehmen können so z. B. gezielter Einfluss auf Entscheidungen zur Produktgestaltung, Ausbildung von Fachkräften, aber auch Gesetzesvorlagen nehmen. Daraus ergeben sich folgende fünf Strategieimplikationen für die organisationale Ebene:

6. Mit dem Wissen über die Stakeholderansprüche kann die Nutzenstiftung durch die eigenen Produkte besser beobachtet und beurteilt werden. In einem ersten Schritt hin zu einem Life-Cycle-Management (LCM) kann etwa mittels einer Life-Cycle-Bewertung zunächst der ökologische Fußabdruck eines Produktes bestimmt werden (Hermann et al. 2007). Dazu wird überprüft, welche Kennzahlen zur Erfassung und Bewertung der Umweltperformance im Unternehmen bereits existieren und wie diese eventuelle um weitere sinnvolle Kennzahlen, z. B. aus der GRI-Berichterstattung, ergänzt werden können. Mit einem derartigen „Performance Measurement" lässt sich der Einfluss des Unternehmens auf die Umwelt besser, weil nachvollziehbarer verdeutlichen. Mit so gewonnenen Einsichten können Aspekte wie der Energieverbrauch, die Materialverwendung oder das Recycling neu beleuchtet und bewertet werden. Aus daraus gewonnenen Einsichten können sich wichtige Hinweise für eine an den Stakeholderansprüchen ausgerichtete Überarbeitung oder Entwicklung von Produkten ergeben. Ein Gesprächspartner hat die Notwendigkeit und Zweckmäßigkeit derartigen Verhaltens bereits erkannt und sieht in einem konsequenten LCM zukünftige Geschäftsmöglichkeiten (#9). Mit einer derart erweiterten Produktverantwortung kann das Unternehmen in einen offenen Dialog mit seinen Stakeholdern treten und neben der primären Kundenzentrierung auch Stakeholderorientierung demonstrieren. Kundenzentrierte Unternehmen fokussieren Kundenprobleme, die sie lösen wollen (Gulati 2009, S. 9), und stakeholderorientierte Unternehmen nehmen in Erweiterung dieses Gedankens die Ansprüche ihrer relevanten Stakeholder ernst. Sie schotten sich nicht ab, sondern öffnen ihre Grenzen für kritische Stimmen von außen, ja laden selbstbewusst ihre vermeintlichen Feinde zum kritischen Dialog ein und gewinnen über solches Verhalten mehr Resilienz (ebd. S. 8 f.).

7. Wie bereits angedeutet eignen sich problemlösungsbezogene Leistungsangebote in Form hybrider Leistungsbündel (Zahn 2010, S. 31 ff.) als eine Strategieoption nicht nur zur besseren Zentrierung auf Kundenprobleme, sondern auch als Möglichkeit, um den Ansprüchen weiterer externer Stakeholder zu entsprechen. Letzteres ist etwa der Fall, wenn mit einem hybriden Leistungsbündel die Nutzungsintensität des Sachgutes über eine integrierte Dienstleistung erhöht wird (Reichel und Seeberg 2010, S. 4). Durch Dialoge mit Kunden und anderen externen Stakeholdern können hybride Leistungsbündel besser auf Kundenprobleme und weitere Stakeholderansprüche zugeschnitten werden. Mit entsprechender Ausgestaltung hybrider Leistungsbündel ist es u. U. möglich, ökologische Belastungen zu reduzieren (Tukker 2004, S. 253). Verschiedene Wege zur Hybridisierung von Leistungsangeboten, die neben der Lösung von Kundenproblemen auch weitere Stakeholderansprüche bedienen können, zeigt Peschl (2010) auf. Er unterscheidet Unternehmen je nach Anteil der tertiären Leistungen in fünf Gruppen, vom Produzenten bis hin zum Performance Contractor, und bietet für die jeweiligen Erweiterungen des Produktportfolios entsprechende Strategien an.

8. Unternehmer und Geschäftsführer von KMU, die Rollen außerhalb des Unternehmens (etwa als Lokalpolitiker, Verbandsfunktionär oder auch als Sponsor) wahrnehmen, können regionale Netzwerke beeinflussen und daraus u. U. Vorteile für ihre Unternehmen ziehen, indem sie Zielkonflikte mit wichtigen Stakeholdern früher erkennen und eher Maßnahmen zur Entschärfung solcher Konflikte ergreifen. Regionale Stakeholder-Netzwerke geben ein durchaus komplexes Bild ab (Abb. 10). Durch behutsame, aber dennoch gezielte Einflussnahme auf die komplexe Dynamik dieses Systems eröffnen sich u. U. Möglichkeiten für Synergien mit positiven Effekten für das Unternehmen und andere Netzwerkteilnehmer.

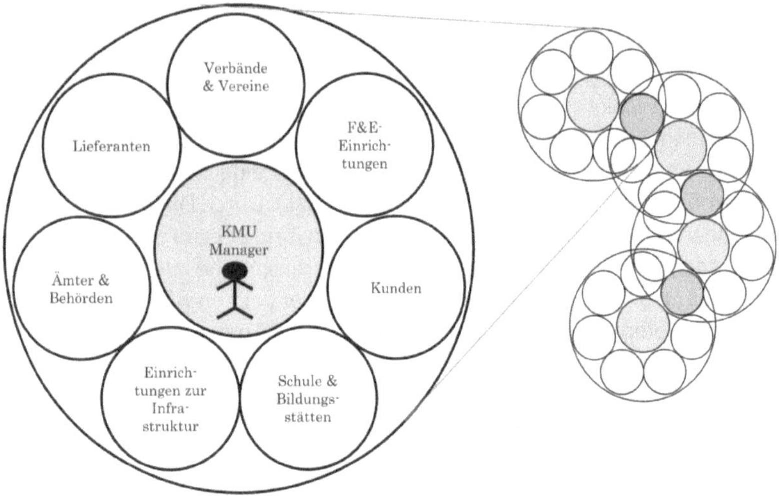

Abb. 10: Regionales Stakeholder-Netzwerk (eigene Darstellung)

9. Schwieriger ist die Beeinflussung von räumlich weit entfernten Stakeholdern, wie ausländischen Lieferanten, hinsichtlich der Achtung von Menschenrechten. Dabei ist in der Regel weniger die räumliche Distanz eine Hürde, sondern vielmehr die mangelnde Transparenz des Handelns dieser Akteure in Regionen wie Asien, Afrika und Lateinamerika (International Labour Organisation (ILO) 2010). Eine Möglichkeit zur Entschärfung dieses Problems mit ausländischen Lieferanten sind Investitionen in die Beziehungen mit diesen, die allerdings zusätzliche Kosten, z. B. für die Überwachung, verursachen. Ist diese Option unattraktiv, bleiben nur die Nichtberücksichtigung solcher Lieferanten und der Rückzug auf regionales Sourcing.

10. Fachkräftemangel wird in den Interviews mehrfach als Problemfeld angesprochen. Aktives Diversity-Management zur Gestaltung einer nach Alter, Geschlecht und Herkunft diversen Belegschaft ist ein guter Ansatzpunkt, neue Impulse für das Personalmanagement zu setzen (Schramm und Schlese 2011, S. 190). So können Mitarbeiter, die durch Erziehung oder Pflege von Familienangehörigen dem Unternehmen nicht mehr zur Verfügung stehen u. U. mittels flexiblerer Arbeitszeitmodelle weiter für das Unternehmen tätig sein. Ebenso können ältere Arbeitnehmer aus gesundheitlichen Gründen Arbeitsstunden reduzieren, fallen dadurch aber nicht ganz für das Unternehmen aus. Eine internationale Unternehmenskultur mit entsprechenden Angeboten zur Einarbeitung erleichtert Arbeitskräften aus dem Ausland die Eingliederung in das Unternehmen. Eine solche interne Internationalisierung des Unternehmens kann auch die Perspektive für neue Märkte, neue Produkte oder neue

Anwendungsgebiete bereits vorhandener Produkte erweitern (Breitschuh und Wöller 2007, S. 73–96).

Die Ausgestaltung der in diesem Unterkapitel adressierten Handlungsfelder erfordert ein Überarbeiten der Prozesse, die den Umgang mit Stakeholdern betreffen. Da KMU aufgrund von Ressourcenmangel häufig ohnehin auf Unterstützung externer Partner angewiesen sind, etwa auf deren Wissen und Fähigkeiten im Innovationsprozess, ist ihnen ein diesbezügliches Beziehungsmanagement vertraut (Bos-Brouwers 2010, S. 421). Ihr Bemühen muss es demnach sein, Prozesse und Strukturen, die das Management der Beziehungen mit externen Stakeholdern betreffen, so auszudehnen und zu intensivieren, wie es der Verfolgung strategischer Ziele dient und zu exzellenter, im Wettbewerb überlegener Wertschöpfung beiträgt. Der Aufbau und die Pflege von Stakeholdernetzwerken kommt nicht zuletzt der Realisierung einer „erweiterten" Nachhaltigkeit zugute. Bei Umweltproblemen hegen Unternehmen generell den verständlichen Wunsch, diese nicht alleine, sondern in Netzwerken lösen zu wollen (Revell et al. 2010, S. 283).

6.3.4. Beziehungsebene

Auf dieser Ebene ist das Management der Interaktionen zwischen einem Unternehmen und seinen Stakeholdern angesiedelt. Beziehungsmanagement geht über das Beobachten und Pflegen von Beziehungen hinaus: Es fokussiert auf tatsächlich stattfindende Interaktionen, etwa im Rahmen der Beschaffung oder bei gemeinsam mit Partnern realisierten Innovationsprojekten. Dabei liegt eine besondere Konzentration auf Interaktionen unter Stress und auf Interaktionen im Rahmen einer „erweiterten" Unternehmenslogik. Während Unternehmen mit einer firmenzentrierten Logik Stakeholder wie Parteien in vertraglichen Transaktionen wahrnehmen, betonen Unternehmen mit einer erweiterten Unternehmenslogik die Interesseninterdependenz mit ihren Stakeholdern und haben ein breiteres Nachhaltigkeitsverständnis (Crilly und Sloan 2012, S. 1175). In der zweiten Unternehmensgruppe ist die auf Stakeholder bezogene Aufmerksamkeit ein strategischer Aspekt und steht dementsprechend auf der Agenda der Unternehmensführung (ebd. S. 1176). Stakeholder sind nach Frooman (1999, S. 203) wichtige strategische Akteure, die Unternehmen sowohl Chancen als auch Gefahren bescheren können. Crilly und Sloan (2012, S. 1190) äußern aufgrund empirischer Befunde die starke Vermutung, dass Unternehmen mit einer erweiterten und offenen Unternehmenslogik sich leichter tun, mit innovativen Anstrengungen auf ihre Außenbeziehungen gewisse Risiken einzugehen und Chancen zur Entwicklung neuer Geschäftsmodelle, die neben der ökonomischen auch die soziale und ökologische Performance verbessern, zu ergreifen. KMU mit ihrer ausgeprägten unternehmerischen Orientierung, einer Führungskonzeption und Organisationsstruktur, die Mitarbeitern Spielräume für autonomes Handeln lässt, und einer Unternehmenskultur, die Gemeinsinn und Aufmerksamkeit fördert, dürften hier gut gerüstet sein. Über intelligentes Beziehungsmanagement können sie Sozialkapital generieren und wertvolles externes Wissen für neue Geschäftsmodelle absorbieren. Ein transparentes Bild des Stakeholdergeflechts erleichtert den Dialog mit kritischen Anspruchsgruppen. (Oxley-Green und Hunton-Clarke 2003, S. 294) und schafft eine belastbare Grundlage für Entscheidungen zu strategischen Aspekten im Stakeholderkontext.

11. Suchman (1995, S. 597–600) schlägt bei durch Misstrauen oder Missmanagement beeinträchtigten Stakeholderbeziehungen z. B. das Auflösen von vorhandenen Strukturen vor.[118] Durch den Austausch von Ansprechpartnern oder das Einführen von neuen, geregelten Abläufen (z. B. Qualitätsprüfungen) entsteht ein Erneuerungsprozess innerhalb des Unternehmens, der durch Strategien aus dem Change-Management unterstützt werden kann (Doppler und Lauterburg 2008).[119] So benötigt z. B. eine Zertifizierung für eine Qualitäts- oder Managementnorm das Beschreiben von Prozessen. Dies schafft zum einen sichere Abläufe und bildet zum anderen Vertrauen bei den Stakeholdern.

12. Eine Möglichkeit, entstehende Probleme zu antizipieren, ist die holistische Produktkalkulation. Wenn die Internalisierung externer Kosten ein Produkt unverhältnismäßig verteuert, dann kann das ein Fingerzeig für künftige Entwicklungsanstrengungen sein. Ebenso können sich Hinweise für notwendige Veränderungen in operativen Bereichen ergeben, wenn die Effizienz von Transporten nicht nur an direkt verursachten Kosten, sondern auch an CO_2-Emissionen gemessen wird, oder wenn Energie-und Rohstoffverbrauch von Produkten über deren gesamten Lebenszyklus anhand einer Ökobilanz ermittelt wird.[120] Als ähnlich aufschlussreich können sich Sozialbilanzen im Hinblick auf die Verbesserung der sozialen Effizienz erweisen.

Die unter 11. und 12. genannten Strategieimplikationen werden von Tainter (2006, S. 99–100) näher thematisiert. Er benennt insgesamt sieben Strategien für den Umgang mit Problemen, die aus Komplexität (vor allem in Zusammenhang mit Nachhaltigkeit) entstehen. Drei von diesen Strategien versprechen nur für kurze Zeit Erfolg:

---

118 Siehe Kapitel 3.2.2.: Strategien nach Suchman.

119 Ansätze zum Change-Management werden in einem eigenständigen Forschungsbereich mit umfangreicher Literatur diskutiert.

120 Hier geraten z. B. Produkte mit Lock-In-Effekt in den Fokus (Beispiel: günstiger Drucker und teure Ersatzpatronen). Der Gewinn wird über das Komplementärprodukt erzielt, wobei der Preis des Basisproduktes nicht den realen Wert widerspiegelt.

- Probleme bewusst nicht lösen (beispielsweise würden Unternehmen mit schädlichen Emissionen nur so lange die Umwelt verschmutzen bis ein weiteres Produzieren per Gesetz verboten wird),
- Kosten akzeptieren (erhöht für KMU jedoch das Insolvenzrisiko) oder
- Kosten auf Kunden abwälzen (verteuert die Produkte, deren Preise die Kunden u. U. nicht akzeptieren).

Zwei der sieben Strategien wirken längerfristig und beziehen sich nur auf finanzielle Aspekte:

- Komplexität bewusst machen, um kumulative Kosten zu vermeiden (Unternehmen suchen sich Alternativen, z. B. Produktion im Ausland, um Kosten für Umweltschutz zu umgehen) und
- Subventionen für entstehende Kosten finden, was für KMU aufgrund fehlender Lobby schwierig ist.

Die beiden verbleibenden Strategien spiegeln die unter 11. und 12. genannten Strategieimplikationen wider und können von KMU wie beschrieben angewandt werden:

- Aktivitäten des Unternehmens an die sich verändernde Umwelt anpassen, worunter Tainter auch das Auflösen und Erneuern von Strukturen versteht, und
- Kosten/Nutzen ganzheitlich betrachten, z. B. mittels einer Öko- bzw. Sozialbilanzierung, und damit externe Effekte internalisieren.

13. Der Zugang zu Personen mit Schlüsselfunktionen im Stakeholdernetzwerk erleichtert das Erkennen von und Einstellen auf kritischen Wandel in demselben. Solche Veränderungen in Handlungsmustern entstehen durch Zwang (z. B Gesetze), Professionalisierung (Herausbildung eines Manger-Mind-Sets) oder Nachahmung (erfolgreiches Handeln) (DiMaggio und Powell 1983, S. 150).[121] Dabei erscheint die Erweiterung unternehmerischen Denkens über tradierte Grenzen hinaus für die hier diskutierte Problematik besonders relevant. So können Unternehmer und Geschäftsführer von KMU als Mitglieder in Wirtschaftsverbänden, in politischen Gremien, durch Kontakte zur Wissenschaft oder einfach durch Schärfen von Wahrnehmung, auch unterstützt durch Instrumente zum Umweltscanning, wertvolle Hinweise auf neue Fragestellungen oder Einsichten in Problemlagen mit neuer Relevanz erhalten und sich somit für entstehenden Wandel sensibilisieren.

14. Wenn Entscheidungsalternativen als ökonomisch gleichwertig erscheinen, dann kann es klug sein, die Alternative zu wählen, für die auch soziale

[121] Siehe Kapitel 2.2.1.

oder ökologische Aspekte sprechen (Thaler und Sunstein 2009). So kann etwa mit der Vermarktung eines hybriden Leistungsbündels[122], das die Wartung des Sachgutes inkludiert, ein sicherer Umsatz generiert und eine höhere Kundenzufriedenheit erreicht werden als mit den Verkauf des Sachguts allein. Vorsicht ist grundsätzlich bei der Mitnahme kurzfristiger Gewinnoptionen, die Stakeholderbeziehungen beschädigen können, geboten.

15. Fehlende Redundanz von Qualifikationen im Mitarbeiterstamm oder eine begrenzte Anzahl von Lieferanten erfordern vor allem gewissenhaftes Haushalten mit diesen Ressourcen. Langfristigkeit erfordert ein Wirtschaften, das große Risiken scheut. Deswegen müssen die Hintergründe aller kritischen Ressourcen bekannt und potentielle Strategiealternativen erforscht sein (Nutt 2004, S. 23). Zu diesen Alternativen zählen organisatorische Veränderung (z. B. das Auslagern von Prozessen) oder technologische Lösungen (z. B. neue Materialien). Dadurch wird der Wahrnehmungshorizont erweitert und die Sensibilität für neue Unternehmenschancen erhöht.

Ziel dieser fünf zuletzt genannten Strategieimplikationen ist es, den Fortbestand des Unternehmens durch systematisches und sorgfältiges Beziehungsmanagement zu sichern. Dabei geht es erster Linie nicht nur um das Beobachten von, sondern auch um die Einflussnahme auf Stakeholder.

6.4. Strategiefindung in KMU

Die für KMU typische Interpretation von Nachhaltigkeit im Sinne von „Langfristigkeit als Ziel" suggeriert keine „großartige", immer zweckmäßige (ein für alle Male) Strategie, sondern impliziert generell und speziell in turbulenten Zeiten dynamische Strategien, die immer wieder an signifikanten Marktveränderungen angepasst und nach neuen Geschäftsvorstellungen verändert werden. Trotzdem müssen Strategien, so sie eine Orientierung bieten sollen, längerfristig angelegt sein. Außerdem haben solche Strategien, sofern sie sich als Erfolgsformeln zwischenzeitlich nicht verbraucht haben, eine positive Wirkung auf die Unternehmensperformance (Schröder und Wömpener 2011, S. 48).

Komplizierte Prozesse der Strategiefindung sind untypisch für KMU. Ihre Strategien sind eher emergenter Natur (Mintzberg und Waters 1985, S. 260; Mintzberg und Lampel 1999, S. 22–23). Das bedeutet allerdings nicht, dass sie die Elemente der logischen Struktur einer „guten Strategie" (Rumelt 2012) nicht kennen und nicht zumindest intuitiv berücksichtigen. Erfolgreiche mittelständische Unternehmen verfügen gewöhnlich über ein hohes Maß an stra-

[122] Ein hybrides Leistungsbündel ist eine Kombination aus Sachgut und Dienstleistung.

tegischem Instinkt, den sie sich durch langjährige Erfahrungen angeeignet haben. KMU in exzellenten Wettbewerbspositionen geben gute Lehrbuchbeispiele ab und werden zu Rech als „Hidden Champions" (Simon 2007) gefeiert.

Sie halten attraktive Marktpositionen, insbesondere in Nischenmärkten, dank ihrer Innovationsfähigkeit, und sie besitzen dafür überlegene, wertvolle, schwierig zu imitierende Fähigkeiten, die sie mit „dynamic capabilities" (Teece et al. 1997) rekombinieren und weiterentwickeln. Die Unternehmensführung in erfolgreichen KMU geht oft auch in Sachen Strategiefindung pragmatisch vor – weniger abwartend und mehr chancenorientiert - und eher den Wettbewerbern vorausgehend als nachfolgend. Nicht selten ähnelt ihr strategisches Verhalten dem Konzept „Strategie nach einfachen Regeln", das Eisenhardt und Sull (2001) in besonders dynamischen Wettbewerbslandschaften festgestellt haben. Solche Regeln sollten einfach sein, damit sie verständlich kommuniziert werden können, aber natürlich ihre Funktion erfüllen. Zu viele Regeln behindern Kreativität, zu wenige geben vielleicht keine hinreichende Orientierung und verleiten zur Verzettelung, vor allem wenn es ihnen an inhaltlicher Substanz mangelt (Zahn 2001, S. 13–14).

Die herausgearbeiteten 15 Strategieimplikationen können als solche Regeln, auch „guiding policies" (Rumelt 2012, S. 7), interpretiert werden. Zumindest liefern sie Stoff dazu.

Unternehmertum ist ein Prozess der Entdeckung, Kreation und Nutzung vorhandener Chancen (Shane 2000, S. 451 ff.; Miller 2007, S. 57 ff.), der häufig besonders in KMU verortet wird. Chancen sind hier interpretiert als neue Nutzen-/Wertstiftung für Kunden, aber auch für weitere externe Stakeholder oder die Gesellschaft als Ganzes. Sie beziehen sich auf Situationen, in denen Innovationen in Form neuer Produkte, Dienstleistungen, Werkstoffe, ressourcen- und energiesparende Prozesstechnologien usw. zu Preisen über den Produktionskosten vermarktet werden (Shane und Venkataraman 2000, S. 220 ff.).

Das hier implizierte gewinnorientierte Unternehmertum entspricht dem „Business Case", dem Regelfall. Inwieweit dessen Dominanz ein nachhaltigkeitsgetriebenes Unternehmertum schon zur Wunschvorstellung degradiert (Parrish 2010, S. 511) darf bezweifelt werden. Unternehmen sind schon im Eigeninteresse zur Verbesserung von Ressourcen- und Energieeffizienz und auf Stakeholderdruck um Reduzierung von Emissionen bemüht. Das spricht für eine Einbeziehung des „Natural Case". Nach der hier geforderten Definition von Unternehmertum die auch eine Nutzenstiftung nicht nur für Kunden, sondern auch für weitere Stakeholder und die ganze Gesellschaft einschließt, ist ebenso eine Abdeckung des „Societal Case" möglich. Dies ist nicht der Fall mit „social entrepreneurship", das mit globaler Ausbreitung ernsthafte soziale

Probleme adressiert und dabei soziale Wohlfahrt, oft auch ohne Gewinnabsichten, anstrebt (Zahra et al. 2008, S. 117). Wenn allerdings Unternehmen Mitarbeiter als Teil der Familie sehen (Unternehmen #11) oder das Unternehmen als integraler Teil der Gemeinde wahrgenommen wird (Unternehmen #1, #7), dann ist der erste Schritt zum „Societal Case" getan.

7. Schlussbetrachtung und Ausblick

Die Arbeit untersucht das Nachhaltigkeitsverständnis von KMU, das von der einschlägigen Forschung bislang nicht thematisiert worden ist. Als Ergebnis der mittels Fallanalysen durchgeführten empirischen Untersuchung kann ein auf die ökonomische Dimension beschränktes Nachhaltigkeitsverständnis festgehalten werden. Ein über ökonomische Effizienz hinausreichendes Nachhaltigkeitsverständnis, das auch ökologische und soziale Effizienz inkludiert, wird der Makroebene zugewiesen. Seit dem Brundtland-Bericht (1987), der Unternehmen erstmals als Schlüsselakteure einer nachhaltigen Entwicklung benennt, lässt sich diese Sichtweise nicht länger halten. Der Druck zu einem erweiterten Nachhaltigkeitshandeln seitens der Makroebene in Form staatlicher Regelungen auf die Akteure der Mikroebene, insbesondere die Unternehmen, hat spürbar zugenommen.

Durch solchen Druck erzwungene Investitionen werden seitens der Unternehmen noch weitgehend als reine Kostenverursacher und damit als Nachteil gesehen. Die Arbeit zeigt dagegen auf, dass Unternehmen die mit einer eher nach einer erweiterten Unternehmenslogik im Sinne eines umfassenderem Nachhaltigkeitsverständnisses agieren durchaus Vorteile ziehen können. Alleine eine höhere Sensibilisierung für häufig nicht vorhersehbare staatliche Regelungen und eine vorsorgliche Weichenstellung zur schnellen und effektiven Erfüllung diesbezüglicher Auflagen können die Schockresilienz eines Unternehmens verbessern. Darüber hinaus bietet ein umfassenderes Nachhaltigkeitsverhalten Potenziale zu Wettbewerbsvorteilen. Zur Begründung dieser These wird auf die Stakeholdertheorie und die Ressourcenökonomik, hier im Besonderen auf die relationale Perspektive, zurückgegriffen. Die relationale Perspektive zeigt einen Weg, wie ein Unternehmen mit dem Aufbau und der Pflege seines Stakeholdernetzwerks Beziehungs- bzw. Sozialkapital bilden und dieses zur Verbesserung seiner Wettbewerbsfähigkeit nutzen kann. In der diesbezüglichen Argumentation manifestiert sich der wissenschaftliche Nutzen dieser Arbeit.

Durch die Verbindung der theoretischen Diskussion mit den erzielten empirischen Befunden werden Strategieimplikationen verdeutlicht, die für KMU und für nachhaltigkeitsorientiertes Stakeholdermanagement von Nutzen sein dürften. Das Ergebnis der Arbeit ist weder als konzeptioneller Rahmen für ein nachhaltigkeitsorientiertes Stakeholdermanagement noch als ein Managementhandbuch mit konkreten Empfehlungen zu verstehen. Vielmehr versteht es sich als eine Argumentationsgrundlage für die Zweckmäßigkeit und Notwendigkeit eines umfassenden Nachhaltigkeitshandelns auf der Grundlage einer erweiterten Unternehmenslogik.

Die Arbeit hat einen begrenzten Fokus und bietet eine Reihe von Ansatzpunkten für weitere Forschung. Ihre Beschränkung auf wenige KMU in Süddeutschland erlaubt keine Verallgemeinerung der erzielen Ergebnisse. Hierdurch ergibt sich Bedarf nach weiteren empirischen Untersuchungen.

Eine kritische Forschungslücke betrifft neue Maßstäbe zur Beurteilung von Nachhaltigkeit für ein wirkliches „Triple Bottom Line Accounting" (Elkington 1999 [1997], S. 397). Das könnte etwa für die ökologische Bottom Line das Maß für eine ökologische „Allowance" sein (Reichel und Seeberg 2011, 2010). Anhand solcher Maßstäbe ließe sich besser beurteilen inwieweit ökologisches und soziales Nachhaltigkeitshandeln für ökonomische Nachhaltigkeit förderlich sein kann und wann es sich betriebswirtschaftlich nicht mehr rechtfertigen ließe.

Unter den gegenwärtigen Markt- und Wettbewerbsbedingungen tun sich Top-Manager schwer, Anreize für die Vorteilhaftigkeit eines Nachhaltigkeitshandelns nach einer erweiterten Unternehmenslogik zu finden (Paech 2009; Jackson 2009). Hier sind makroökonomische Lösungen für ein Ordnungs- und Marktdesign gefordert, die ein solches Verhalten im Interesse ökonomischer, ökologischer und sozialer Effizienz fördern.

Anhang

Anhang 1

Leitfaden zum Experteninterview

Barbara Seeberg
GSaME (Graduate School advanced manufacturing Engineering)
[Adresse]

Bemerkungen

- Dauer des Interviews: ca. 1 Stunde
- Tonbandaufnahme, um eine genaue Wiedergabe des Gesagten zu gewährleisten
- Aufnahme des Interviews wird nach Beendigung der Studie gelöscht
- Abschrift des Interviews geht dem Gesprächspartner nach 2 - 3 Wochen zur Durchsicht zu
- Interview wird anonymisiert
- Unterschreiben der Einwilligungserklärung

Datum/Uhrzeit: ______________

Gesprächspartner: ______________ Position: ______________

Firma: ______________

Rechtsform: ______________

Branche: ______________

Allgemeine Fragen

Nr.	Frage		Einheit
1	Eigentümerstruktur?		
2	Anteil B2B Beziehungen?		in %
3	Recycling-Quote der Produkte?		in %
4	Rücknahmegarantie für Produkte?		ja/nein
5	Anzahl Mitarbeiter?		Anzahl
6	Jahresumsatz im Vorjahr?		in T€
7	Durchschnittliche Verweildauer der Topmanager?		in Jahren
8	Auszubildendenquote?		in %
9	Frauenquote Topmanagement?		in %
10	Durchschnittsalter Mitarbeiter?		in Jahren
11	Veröffentlichung eines Nachhaltigkeitsberichts?		ja/nein

Offene Fragen

1 Wie definiert Ihr Unternehmen Nachhaltigkeit? Anhand welcher Kriterien?

2 Wer ist für Nachhaltigkeit im Unternehmen verantwortlich?

3 Wie lange beschäftigt sich Ihr Unternehmen schon mit Nachhaltigkeit?

4 Bitte sortieren sie die folgenden 20 Karten anhand Ihrer Relevanz für Ihre Unternehmensstrategie in die Felder "Wichtig/Priorität", "Relevant" und "Nicht Relevant/Gelöst" ein!

5 Es gibt noch 2 Blanko-Karten: Möchten Sie etwas ergänzen?

6 Zu jeder Karte: Warum liegt es in diesem Feld und was ist Ihre Strategie dazu?

7 Was sehen sie von den Karten im Feld "Wichtig" als Wettbewerbsvorteil?

8 Mit welchen Stakeholdern interagieren Sie regelmäßig und strukturiert (Liste)?

9 Gibt es von Ihrer Seite aus noch Fragen/Anmerkungen?

Vielen Dank für Ihre Mitarbeit!

Anhang 2

	Fragen	Steuerung des Gesprächsverlaufs	Steuerung der Antwort	Inhalt der Frage	Gegenstand der Frage	Dichotom*	Neutral*	Klar*	Einfach*
1	Wie definiert Ihr Unternehmen Nachhaltigkeit? Anhand welcher Kriterien?	E/H	E	F	R	N	J	J	J
2	Wer ist für Nachhaltigkeit im Unternehmen verantwortlich?	F	D	F	R	N	J	J	J
3	Wie lange beschäftigt sich Ihr Unternehmen schon mit Nachhaltigkeit?	N	D	F	R	N	J	J	J
4	Sortieren sie die folgenden 20 Karten anhand Ihrer Relevanz für Ihre Unternehmensstrategie [...]**	Ü	D	F	R	J***	J	J	J
5	Möchten Sie etwas ergänzen?	N	E	F	R	N	J	J	J
6	Zu jeder Karte: Warum liegt es in diesem Feld und was ist Ihre Strategie dazu?	H	E	F	R	N	J	J	J
7	Was sehen sie von den Karten im Feld "Wichtig" als Wettbewerbsvorteil?	N	D	M	R	N	J	J	J
8	Mit welchen Stakeholdern interagieren Sie regelmäßig und strukturiert (Liste)?	H	D	F	R	N	J	J	J
9	Gibt es von Ihrer Seite aus noch Fragen/Anmerkungen?	Ü	D	F	R	J	J	J	J

Steuerung des Gesprächsverlaufs	E/Ü Einleitungsfrage/Überleitungsfrage F Filterfrage H Hauptfrage N Nachfrage
Steuerung der Antwort	E Erzählanregung D Detailfrage
Inhalt der Frage	F Faktfrage M Meinungsfrage
Gegenstand der Frage	H Hypothetische Frage R Realitätsbezogene Frage

* mittels eines Kolloquiums und eines Pretests geprüft
** Handlungsaufforderung, keine Frage
*** Aufteilung in 3 mögliche Antworten

Anhang 3

Zuordnung der GRI-Kennzahlen* zu den Nachhaltigkeitskarten

Benennung Nachhaltigkeitskarte	GRI - Kernkennzahl	zusätzliche Kennzahl
hohe / langfristige Renditen	EC1, EC2, EC3, EC4	
hohe Recyclingfähigkeit der Produkte, Rücknahmegarantien, Life-Cycle-Management	EN2, EN26, EN27	EC9, EN14, EN29
geringer Energieverbrauch & geringer Materialverbrauch in der Produktion	EN1, EN3, EN4,EN8	EN5, EN7, EN9, EN30
geringer Ausstoß von Emissionen & Abfallvermeidung über die gesamte Produktlebensdauer	EC2,EN16, EN17, EN19, EN20, EN21, EN22, EN23, EN27	EN6, EN13, EN18, EN24, En25, EN30
geringe Toxizität der Produkte und Abfälle über den gesamten Produktlebenszyklus	EN11, EN12, EN22, EN23 EN26	EC9, EN10, EN14, EN15, EN24, EN25
Compliance; Vermeidung von Bußgeldern und Auflagen (Umwelt/Sozial)	EN11, EN28, SO8, PR9	PR4
Zertifizierungen z. B. nach ISO/DIN/EMAS/SA8000 etc.	PR3, PR6	
ausgewogene Demografie im Unternehmen	EC7, LA1	
geringe Mitarbeiterfluktuation	LA2	
hohe soziale Leistungen für Mitarbeiter, nachvollziehbare, gerechte Entlohnung	EC3, LA4, LA5, LA 14	EC5, LA3,
Diversitymanagement (Minderheiten, Frauen, Nationen), Unterbinden von Diskriminierung	EC7, LA13, LA 14, HR4	
Arbeitsschutzmaßnahmen (insb. Reduktion von Krankheit & Arbeitsausfall)	LA7, LA8	LA6, LA9
Schulungen & Weiterbildungen für die Belegschaft	LA8, LA10	LA11, LA12,
Wissensmanagement (z. B. Patente, interne Datenbanken)	PR3	LA11,

Zuordnung der GRI-Kennzahlen* zu den Nachhaltigkeitskarten

Benennung Nachhaltigkeitskarte	GRI - Kernkennzahl	zusätzliche Kennzahl
Achtung Menschenrechte beim Einkauf von Ressourcen, Verbot der Kinderarbeit, Zwangsarbeit, oder von Unwürdigen Arbeitsbedingungen	HR1, HR2, HR5, HR6, HR7	HR3, HR8, HR9
Förderung der Gemeinde/Stadt/des sozialen Zusammenlebens (z. B. Vereine, Schulen etc.)	EN11, SO1	EC9
Unterbinden von Korruption, offene Lobbyarbeit	EC4, EC8, SO2, SO3, SO4, SO5	SO6
Unterbinden von wettbewerbswidrigem Verhalten, Kartellbildung, Monopolbildung	HR5, PR6	SO7, PR7
Kundenzufriedenheit & Schutz des Kunden (Produktsicherheit, Datensicherheit etc.)	PR1, PR3	PR2, PR5, PR8
langfristige, vertrauensvolle Lieferantenbeziehung	EC6, HR2	

* Die GRI-Kennzahl ist mit ihrer jeweiligen Kurzbenennung aufgeführt. Vgl. dazu Global Reporting Initiative 2012.

Anhang 4

Mit welchen Stakeholder interagieren Sie regelmäßig und strukturiert?

Stakeholder	**Regelmäßig** ja	nein	**Wie oft im Monat?**	**Wie? (Meeting, Online-Plattform, etc.)**
Kapitalgeber (Shareholder)				
Management				
Mitarbeiter				
Kunden				
Lieferanten				
Gesetzgeber				
div. Umweltorganisationen				
Organisationen in soz. Belangen				
Andere (Medien, Zertifizierer, Weiterbilder etc.)				

Barbara Seeberg
GSaME (Graduate School advanced manufacturing Engineering)
[Adresse]

Einwilligungserklärung

Hiermit erkläre ich mich bereit, im Rahmen der von Fr. Barbara Seeberg (GSaME - Graduate School of Excellence advanced Manufacturing and Engineering) durchgeführten Studie "Nachhaltigkeit in Unternehmen" ein Interview zu geben.

Ich wurde über die Inhalte und Methoden der Studie informiert. Ich weiß, dass es sich um ein halbstrukturiertes Interview handelt. Ich wurde darauf aufmerksam gemacht, dass es mir freisteht, einzelne Fragen im Interview nicht zu beantworten.

Ich stimme der Aufnahme des Interviews und der wissenschaftlichen Transkription des Interviews zu. Die Tonbandaufnahmen werden nach Abschluss der Untersuchung gelöscht.

Ich wurde darüber informiert, dass alle erhobenen Daten anonymisiert und zu rein wissenschaftlichen Zwecken genutzt werden. Hiermit versichere ich, dass die anonymisierte Version des Interviews sowie Auszüge davon im Rahmen der oben genannten Forschungsarbeit und damit verbundenen Publikation und Vorträgen genutzt werden kann.

Diese Einwilligungserklärung wird getrennt von den Tonaufnahmen bei Fr. Barbara Seeberg verschlossen verwahrt. Eine Kopie dieser Einwilligung habe ich erhalten.

____________	____________	____________
Datum, Ort	Name	Unterschrift

Anhang 6

Nr.	Wichtig/Prioriät	Relevant	nicht relevant/gelöst
1	langfristige, vertrauensvolle Lieferantenbeziehung	geringe Mitarbeiterfluktuation	Achtung Menschenrechte beim Einkauf von Ressourcen, Verbot der Kinderarbeit, Zwangsarbeit oder von unwürdigen Arbeitsbedingungen
	Schulungen & Weiterbildungen für die Belegschaft	Kundenzufriedenheit & Schutz des Kunden (Produktsicherheit, Datensicherheit etc.)	Zertifizierungen z. B. nach ISO/DIN/EMAS/SA8000 etc.
	hohe soziale Leistungen für Mitarbeiter, nachvollziehbare, gerechte Entlohnung	hohe / langfristige Renditen	Compliance; Vermeidung von Bußgeldern und Auflagen (Umwelt/Sozial)
	geringer Ausstoß von Emissionen & Abfallvermeidung über die gesamte Produktlebensdauer	geringe Toxizität der Produkte und Abfälle über den gesamten Produktlebenszyklus	Diversitymanagement (Minderheiten, Frauen, Nationen), Unterbinden von Diskriminierung
	geringer Energieverbrauch & geringer Materialverbrauch in der Produktion	Förderung der Gemeinde/Stadt/des sozialen Zusammenlebens (z. B. Vereine, Schulen etc.)	Unterbinden von Korruption, offene Lobbyarbeit
	Wissensmanagement (z. B. Patente, interne Datenbanken)	ausgewogene Demografie im Unternehmen	Arbeitsschutzmaßnahmen (insb. Reduktion von Krankheit & Arbeitsausfall)
	hohe Recyclingfähigkeit der Produkte, Rücknahmegarantien, Life-Cycle-Management		Unterbinden von wettbewerbswidrigem Verhalten, Kartellbildung, Monopolbildung

Nr.	Wichtig/Prioriät	Relevant	nicht relevant/gelöst
2	Kundenzufriedenheit & Schutz des Kunden (Produktsicherheit, Datensicherheit etc.)	Wissensmanagement (z. B. Patente, interne Datenbanken)	Unterbinden von Korruption, offene Lobbyarbeit
	geringer Energieverbrauch & geringer Materialverbrauch in der Produktion	geringe Mitarbeiterfluktuation	Förderung der Gemeinde/Stadt/des sozialen Zusammenlebens (z. B. Vereine, Schulen etc.)
	Zertifizierungen z. B. nach ISO/DIN/EMAS/SA8000 etc.	hohe soziale Leistungen für Mitarbeiter, nachvollziehbare, gerechte Entlohnung	Compliance; Vermeidung von Bußgeldern und Auflagen (Umwelt/Sozial)
	Schulungen & Weiterbildungen für die Belegschaft	hohe Recyclingfähigkeit der Produkte, Rücknahmegarantien, Life-Cycle-Management	Unterbinden von wettbewerbswidrigem Verhalten, Kartellbildung, Monopolbildung
		hohe / langfristige Renditen	Diversitymanagement (Minderheiten, Frauen, Nationen), Unterbinden von Diskriminierung
		langfristige, vertrauensvolle Lieferantenbeziehung	ausgewogene Demografie im Unternehmen
			geringe Toxizität der Produkte und Abfälle über den gesamten Produktlebenszyklus
			Achtung Menschenrechte beim Einkauf von Ressourcen, Verbot der Kinderarbeit, Zwangsarbeit oder von unwürdigen Arbeitsbedingungen
			geringer Ausstoß von Emissionen & Abfallvermeidung über die gesamte Produktlebensdauer
			Arbeitsschutzmaßnahmen (insb. Reduktion von Krankheit & Arbeitsausfall)

Nr.	Wichtig/Prioriät	Relevant	nicht relevant/gelöst
3	hohe / langfristige Renditen	Zertifizierungen z. B. nach ISO/DIN/EMAS/SA8000 etc.	Unterbinden von Korruption, offene Lobbyarbeit
	geringer Energieverbrauch & geringer Materialverbrauch in der Produktion	Wissensmanagement (z. B. Patente, interne Datenbanken)	Unterbinden von wettbewerbswidrigem Verhalten, Kartellbildung, Monopolbildung
	Kundenzufriedenheit & Schutz des Kunden (Produktsicherheit, Datensicherheit etc.)	hohe Recyclingfähigkeit der Produkte, Rücknahmegarantien, Life-Cycle-Management	Förderung der Gemeinde/Stadt/des sozialen Zusammenlebens (z. B. Vereine, Schulen etc.)
	hohe soziale Leistungen für Mitarbeiter, nachvollziehbare, gerechte Entlohnung	Compliance; Vermeidung von Bußgeldern und Auflagen (Umwelt/Sozial)	Diversitymanagement (Minderheiten, Frauen, Nationen), Unterbinden von Diskriminierung
	langfristige, vertrauensvolle Lieferantenbeziehung	ausgewogene Demografie im Unternehmen	Achtung Menschenrechte beim Einkauf von Ressourcen, Verbot der Kinderarbeit, Zwangsarbeit oder von unwürdigen Arbeitsbedingungen
	geringer Ausstoß von Emissionen & Abfallvermeidung über die gesamte Produktlebensdauer	geringe Mitarbeiterfluktuation	
	globaler Footprint (i. S. v. globale Präsenz)	Arbeitsschutzmaßnahmen (insb. Reduktion von Krankheit & Arbeitsausfall)	
		Schulungen & Weiterbildungen für die Belegschaft	geringe Toxizität der Produkte und Abfälle über den gesamten Produktlebenszyklus

Nr.	Wichtig/Prioriät	Relevant	nicht relevant/gelöst
4	Kundenzufriedenheit & Schutz des Kunden (Produktsicherheit, Datensicherheit etc.)		hohe Recyclingfähigkeit der Produkte, Rücknahmegarantien, Life-Cycle-Management
	langfristige, vertrauensvolle Lieferantenbeziehung		geringe Toxizität der Produkte und Abfälle über den gesamten Produktlebenszyklus
	Diversitymanagement (Minderheiten, Frauen, Nationen), Unterbinden von Diskriminierung		hohe / langfristige Renditen
	Zertifizierungen z. B. nach ISO/DIN/EMAS/SA8000 etc.		Achtung Menschenrechte beim Einkauf von Ressourcen, Verbot der Kinderarbeit, Zwangsarbeit oder von unwürdigen Arbeitsbedingungen
	Compliance; Vermeidung von Bußgeldern und Auflagen (Umwelt/Sozial)		Unterbinden von Korruption, offene Lobbyarbeit
	Wissensmanagement (z. B. Patente, interne Datenbanken)		geringe Mitarbeiterfluktuation
	ausgewogene Demografie im Unternehmen		geringer Ausstoß von Emissionen & Abfallvermeidung über die gesamte Produktlebensdauer
	Zoll/Gesetzgebung		Unterbinden von wettbewerbswidrigem Verhalten, Kartellbildung, Monopolbildung
	Bürokratie		hohe soziale Leistungen für Mitarbeiter, nachvollziehbare, gerechte Entlohnung
		Schulungen & Weiterbildungen für die Belegschaft	
		Arbeitsschutzmaßnahmen (insb. Reduktion von Krankheit & Arbeitsausfall)	
		geringer Energieverbrauch & geringer Materialverbrauch in der Produktion	
		Förderung der Gemeinde/Stadt/des sozialen Zusammenlebens (z. B. Vereine, Schulen etc.)	

Nr.	Wichtig/Prioriät	Relevant	nicht relevant/gelöst
5	hohe / langfristige Renditen	Unterbinden von wettbewerbswidrigem Verhalten, Kartellbildung, Monopolbildung	geringer Ausstoß von Emissionen & Abfallvermeidung über die gesamte Produktlebensdauer
	langfristige, vertrauensvolle Lieferantenbeziehung	Arbeitsschutzmaßnahmen (insb. Reduktion von Krankheit & Arbeitsausfall)	Diversitymanagement (Minderheiten, Frauen, Nationen), Unterbinden von Diskriminierung
	Kundenzufriedenheit & Schutz des Kunden (Produktsicherheit, Datensicherheit etc.)	hohe soziale Leistungen für Mitarbeiter, nachvollziehbare, gerechte Entlohnung	Compliance; Vermeidung von Bußgeldern und Auflagen (Umwelt/Sozial)
	Schulungen & Weiterbildungen für die Belegschaft	geringer Energieverbrauch & geringer Materialverbrauch in der Produktion	Achtung Menschenrechte beim Einkauf von Ressourcen, Verbot der Kinderarbeit, Zwangsarbeit oder von unwürdigen Arbeitsbedingungen
		Wissensmanagement (z. B. Patente, interne Datenbanken)	Zertifizierungen z. B. nach ISO/DIN/EMAS/SA8000 etc.
		geringe Mitarbeiterfluktuation	hohe Recyclingfähigkeit der Produkte, Rücknahmegarantien, Life-Cycle-Management
		Darstellung nach Außen, Reputation	geringe Toxizität der Produkte und Abfälle über den gesamten Produktlebenszyklus
			Unterbinden von Korruption, offene Lobbyarbeit
			ausgewogene Demografie im Unternehmen
			Förderung der Gemeinde/Stadt/des sozialen Zusammenlebens (z. B. Vereine, Schulen etc.)

Nr.	Wichtig/Prioriät	Relevant	nicht relevant/gelöst
6	ausgewogene Demografie im Unternehmen	Achtung Menschenrechte beim Einkauf von Ressourcen, Verbot der Kinderarbeit, Zwangsarbeit oder von unwürdigen Arbeitsbedingungen	hohe Recyclingfähigkeit der Produkte, Rücknahmegarantien, Life-Cycle-Management
	Kundenzufriedenheit & Schutz des Kunden (Produktsicherheit, Datensicherheit etc.)	Unterbinden von Korruption, offene Lobbyarbeit	
	hohe soziale Leistungen für Mitarbeiter, nachvollziehbare, gerechte Entlohnung	Compliance; Vermeidung von Bußgeldern und Auflagen (Umwelt/Sozial)	
	geringe Mitarbeiterfluktuation	Diversitymanagement (Minderheiten, Frauen, Nationen), Unterbinden von Diskriminierung	
	langfristige, vertrauensvolle Lieferantenbeziehung	Arbeitsschutzmaßnahmen (insb. Reduktion von Krankheit & Arbeitsausfall)	
	Zertifizierungen z. B. nach ISO/DIN/EMAS/SA8000 etc.	Unterbinden von wettbewerbswidrigem Verhalten, Kartellbildung, Monopolbildung	
	Wissensmanagement (z. B. Patente, interne Datenbanken)	geringer Ausstoß von Emissionen & Abfallvermeidung über die gesamte Produktlebensdauer	
	Schulungen & Weiterbildungen für die Belegschaft	geringe Toxizität der Produkte und Abfälle über den gesamten Produktlebenszyklus	
	Technologieführerschaft	Förderung der Gemeinde/Stadt/des sozialen Zusammenlebens (z. B. Vereine, Schulen etc.)	
	Qualitätsführerschaft	geringer Energieverbrauch & geringer Materialverbrauch in der Produktion	
		hohe / langfristige Renditen	

Nr.	Wichtig/Prioriät	Relevant	nicht relevant/gelöst
7	langfristige, vertrauensvolle Lieferantenbeziehung	Zertifizierungen z. B. nach ISO/DIN/EMAS/SA8000 etc.	Wissensmanagement (z. B. Patente, interne Datenbanken)
	Achtung Menschenrechte beim Einkauf von Ressourcen, Verbot der Kinderarbeit, Zwangsarbeit oder von unwürdigen Arbeitsbedingungen	geringe Toxizität der Produkte und Abfälle über den gesamten Produktlebenszyklus	Diversitymanagement (Minderheiten, Frauen, Nationen), Unterbinden von Diskriminierung
	Unterbinden von Korruption, offene Lobbyarbeit	Förderung der Gemeinde/Stadt/des sozialen Zusammenlebens (z. B. Vereine, Schulen etc.)	Arbeitsschutzmaßnahmen (insb. Reduktion von Krankheit & Arbeitsausfall)
	~~hohe~~ / langfristige Renditen	geringer Ausstoß von Emissionen & Abfallvermeidung über die gesamte Produktlebensdauer	ausgewogene Demografie im Unternehmen
	Schulungen & Weiterbildungen für die Belegschaft	geringer Energieverbrauch & geringer Materialverbrauch in der Produktion	Unterbinden von wettbewerbswidrigem Verhalten, Kartellbildung, Monopolbildung
	hohe soziale Leistungen für Mitarbeiter, nachvollziehbare, gerechte Entlohnung		Compliance; Vermeidung von Bußgeldern und Auflagen (Umwelt/Sozial)
	geringe Mitarbeiterfluktuation		hohe Recyclingfähigkeit der Produkte, Rücknahmegarantien, Life-Cycle-Management
	Kundenzufriedenheit & Schutz des Kunden (Produktsicherheit, Datensicherheit etc.)		

Nr.	Wichtig/Prioriät	Relevant	nicht relevant/gelöst
8	Schulungen & Weiterbildungen für die Belegschaft	hohe Recyclingfähigkeit der Produkte, Rücknahmegarantien, Life-Cycle-Management	
	Zertifizierungen z. B. nach ISO/DIN/EMAS/SA8000 etc.	langfristige, vertrauensvolle Lieferantenbeziehung	
	Wissensmanagement (z. B. Patente, interne Datenbanken)	geringe Toxizität der Produkte und Abfälle über den gesamten Produktlebenszyklus	
	hohe soziale Leistungen für Mitarbeiter, nachvollziehbare, gerechte Entlohnung	Förderung der Gemeinde/Stadt/des sozialen Zusammenlebens (z. B. Vereine, Schulen etc.)	
	geringer Energieverbrauch & geringer Materialverbrauch in der Produktion	geringer Ausstoß von Emissionen & Abfallvermeidung über die gesamte Produktlebensdauer	
	hohe / langfristige Renditen	Compliance; Vermeidung von Bußgeldern und Auflagen (Umwelt/Sozial)	
	Kundenzufriedenheit & Schutz des Kunden (Produktsicherheit, Datensicherheit etc.)		
	Arbeitsschutzmaßnahmen (insb. Reduktion von Krankheit & Arbeitsausfall)		
	Unterbinden von Korruption, offene Lobbyarbeit		
	geringe Mitarbeiterfluktuation		
	ausgewogene Demografie im Unternehmen		
	Achtung Menschenrechte beim Einkauf von Ressourcen, Verbot der Kinderarbeit, Zwangsarbeit oder von unwürdigen Arbeitsbedingungen		
	Unterbinden von wettbewerbswidrigem Verhalten, Kartellbildung, Monopolbildung		
	Diversitymanagement (Minderheiten, Frauen, Nationen), Unterbinden von Diskriminierung		

Nr.	Wichtig/Prioriät	Relevant	nicht relevant/gelöst
9	Kundenzufriedenheit & Schutz des Kunden (Produktsicherheit, Datensicherheit etc.)	ausgewogene Demografie im Unternehmen	Förderung der Gemeinde/Stadt/des sozialen Zusammenlebens (z. B. Vereine, Schulen etc.)
	Unterbinden von wettbewerbswidrigem Verhalten, Kartellbildung, Monopolbildung	Arbeitsschutzmaßnahmen (insb. Reduktion von Krankheit & Arbeitsausfall)	Diversitymanagement (Minderheiten, Frauen, Nationen), Unterbinden von Diskriminierung
	Schulungen & Weiterbildungen für ~~die Belegschaft~~ *Leistungsträger*	geringer Ausstoß von Emissionen & Abfallvermeidung über die gesamte Produktlebensdauer	Achtung Menschenrechte beim Einkauf von Ressourcen, Verbot der Kinderarbeit, Zwangsarbeit oder von unwürdigen Arbeitsbedingungen
	langfristige, vertrauensvolle Lieferantenbeziehung		Unterbinden von Korruption, offene Lobbyarbeit
	geringe Mitarbeiterfluktuation *der Leistungsträger*		geringe Toxizität der Produkte und Abfälle über den gesamten Produktlebenszyklus
	~~hohe~~ / langfristige Renditen		Zertifizierungen z. B. nach ISO/DIN/EMAS/SA8000 etc.
	geringer Energieverbrauch & geringer Materialverbrauch in der Produktion		Compliance; Vermeidung von Bußgeldern und Auflagen (Umwelt/Sozial)
	Marktstellung	Wissensmanagement (z. B. Patente, interne Datenbanken)	
	Innovationskraft	hohe Recyclingfähigkeit der Produkte, Rücknahmegarantien, *(nicht relevant)* Life-Cycle-Management *(relevant)*	
		~~hohe soziale Leistungen für Mitarbeiter,~~ nachvollziehbare, gerechte Entlohnung	

Nr.	Wichtig/Prioriät	Relevant	nicht relevant/gelöst
10	Arbeitsschutzmaßnahmen (insb. Reduktion von Krankheit & Arbeitsausfall)	geringer Ausstoß von Emissionen & Abfallvermeidung über die gesamte Produktlebensdauer	Unterbinden von wettbewerbswidrigem Verhalten, Kartellbildung, Monopolbildung
	geringe Mitarbeiterfluktuation	Förderung der Gemeinde/Stadt/des sozialen Zusammenlebens (z. B. Vereine, Schulen etc.)	Compliance; Vermeidung von Bußgeldern und Auflagen (Umwelt/Sozial)
	Schulungen & Weiterbildungen für die Belegschaft	Wissensmanagement (z. B. Patente, interne Datenbanken)	Unterbinden von Korruption, offene Lobbyarbeit
	hohe soziale Leistungen für Mitarbeiter, nachvollziehbare, gerechte Entlohnung	Kundenzufriedenheit & Schutz des Kunden (Produktsicherheit, Datensicherheit etc.)	langfristige, vertrauensvolle Lieferantenbeziehung
	hohe / langfristige Renditen		geringer Energieverbrauch & geringer Materialverbrauch in der Produktion
	Achtung Menschenrechte beim Einkauf von Ressourcen, Verbot der Kinderarbeit, Zwangsarbeit oder von unwürdigen Arbeitsbedingungen		Zertifizierungen z. B. nach ISO/DIN/EMAS/SA8000 etc.
	Fachkräftemangel		geringe Toxizität der Produkte und Abfälle über den gesamten Produktlebenszyklus
			hohe Recyclingfähigkeit der Produkte, Rücknahmegarantien, Life-Cycle-Management
			Diversitymanagement (Minderheiten, Frauen, Nationen), Unterbinden von Diskriminierung
			ausgewogene Demografie im Unternehmen

Nr.	Wichtig/Prioriät	Relevant	nicht relevant/gelöst
11	Compliance; Vermeidung von Bußgeldern und Auflagen (Umwelt/Sozial)	Zertifizierungen z. B. nach ISO/DIN/EMAS/SA8000 etc.	ausgewogene Demografie im Unternehmen
	langfristige, vertrauensvolle Lieferantenbeziehung	hohe Recyclingfähigkeit der Produkte, Rücknahmegarantien, Life-Cycle-Management	geringer Ausstoß von Emissionen & Abfallvermeidung über die gesamte Produktlebensdauer
	Wissensmanagement (z. B. Patente, interne Datenbanken)	Schulungen & Weiterbildungen für die Belegschaft	Unterbinden von wettbewerbswidrigem Verhalten, Kartellbildung, Monopolbildung
	geringe Toxizität der Produkte und Abfälle über den gesamten Produktlebenszyklus	~~hohe~~ / langfristige Renditen	Diversitymanagement (Minderheiten, Frauen, Nationen), Unterbinden von Diskriminierung
	Förderung der Gemeinde/Stadt/des sozialen Zusammenlebens (z. B. Vereine, Schulen etc.)	Unterbinden von Korruption, offene Lobbyarbeit	geringe Mitarbeiterfluktuation
	Kundenzufriedenheit & Schutz des Kunden (Produktsicherheit, Datensicherheit etc.)		
	geringer Energieverbrauch & geringer Materialverbrauch in der Produktion		
	Arbeitsschutzmaßnahmen (insb. Reduktion von Krankheit & Arbeitsausfall)		
	hohe soziale Leistungen für Mitarbeiter, nachvollziehbare, gerechte Entlohnung		
	Achtung Menschenrechte beim Einkauf von Ressourcen, Verbot der Kinderarbeit, Zwangsarbeit oder von unwürdigen Arbeitsbedingungen		

Nr.	Wichtig/Prioriät	Relevant	nicht relevant/gelöst
12	Zertifizierungen z. B. nach ISO/DIN/EMAS/SA8000 etc.	Unterbinden von wettbewerbswidrigem Verhalten, Kartellbildung, Monopolbildung	Compliance; Vermeidung von Bußgeldern und Auflagen (Umwelt/Sozial)
	Schulungen & Weiterbildungen für die Belegschaft	geringe Mitarbeiterfluktuation	Unterbinden von Korruption, offene Lobbyarbeit
	Wissensmanagement (z. B. Patente, interne Datenbanken)	Arbeitsschutzmaßnahmen (insb. Reduktion von Krankheit & Arbeitsausfall)	geringe Toxizität der Produkte und Abfälle über den gesamten Produktlebenszyklus
	hohe soziale Leistungen für Mitarbeiter, nachvollziehbare, gerechte Entlohnung	ausgewogene Demografie im Unternehmen	Achtung Menschenrechte beim Einkauf von Ressourcen, Verbot der Kinderarbeit, Zwangsarbeit oder von unwürdigen Arbeitsbedingungen
	Förderung der Gemeinde/Stadt/des sozialen Zusammenlebens (z. B. Vereine, Schulen etc.)	hohe / langfristige Renditen	hohe Recyclingfähigkeit der Produkte, Rücknahmegarantien, Life-Cycle-Management
	Kundenzufriedenheit & Schutz des Kunden (Produktsicherheit, Datensicherheit etc.)	geringer Energieverbrauch & geringer Materialverbrauch in der Produktion	Diversitymanagement (Minderheiten, Frauen, Nationen), Unterbinden von Diskriminierung
	langfristige, vertrauensvolle Lieferantenbeziehung		geringer Ausstoß von Emissionen & Abfallvermeidung über die gesamte Produktlebensdauer
	Schnelligkeit		

Referenzen

Achtenhagen, Leona; Brunninge, Olaf (2011): Dynamische Geschäftsmodellanpassung zur Sicherung der unternehmerischen Nachhaltigkeit. In: Jörn-Axel Meyer (Hg.): Nachhaltigkeit in kleinen und mittleren Unternehmen. Jahrbuch der KMU-Forschung und -Praxis 2011 in der Edition 'Kleine und mittlere Unternehmen'. Lohmar: Josef Eul Verlag, S. 131–141.

Aguinis, Herman; Glavas, Ante (2012): What We Know and Don't Know About Corporate Social Responsibility: A Review and Research Agenda. In: *Journal of Management* 38 (4), S. 932–968.

Ahlstrom, David (2010): Innovation and Growth: How Business Contributes to Society. In: *Academy of Management Perspectives* 24 (3), S. 11–24.

Albers, Sönke (Hg.) (2007): Methodik der empirischen Forschung. überarb. und erw. 2. Aufl. Wiesbaden: Gabler.

Alcott, Blake (2005): Jevon's paradox. In: *Ecological Economics* 54 (1), S. 9–21.

Al-Najjar, Basil; Anfimiadou, Aspioni (2012): Environmental Policies and Firm Value. In: *Business Strategy and the Environment* 21 (1), S. 49–59.

Ambec, Stefan; Lanoie, Paul (2008): Does It Pay to Be Green? A Systematic Overview. In: *Academy of Management Perspectives* 22 (4), S. 45–62.

Amit, Raphael; Schoemaker, Paul J. H. (1993): Strategic Assets and Organizational Rent. In: *Strategic Management Journal* 14 (1), S. 33–46.

Arnold, Ulli (1997): Beschaffungsmanagement. überarb. und erw. 2. Aufl. Stuttgart: Schäffer-Poeschel.

Ashoka Germany (2012): Ashoka Germany. Online verfügbar unter http://germany.ashoka.org/, zuletzt geprüft am 05.12.12.

audiotranskription.de (2012): f4. Online verfügbar unter http://www.audiotranskription.de/f4.htm, zuletzt geprüft am 13.06.2012.

Axelrod, Robert (2009): Die Evolution der Kooperation. 7. Aufl. München: Oldenbourg.

Bañon Gomis, Alexis J.; Guillén Parra, Manuel; Hoffman, W. Michael; McNulty, Robert E. (2011): Rethinking the Concept of Sustainability. In: *Business and Society Review* 116 (2), S. 171–191.

Bansal, Pratima (2005): Evolving Sustainability: A Longitudinal Study of Corporate Sustainable Development. In: *Strategic Management Journal* 26 (3), S. 197–218.

Barney, Jay B. (1986): Strategic Factor Markets: Expectations, Luck, and Business Strategy. In: *Management Science* 32 (10), S. 1231–1241.

Baumgärtner, Stefan; Quaas, Martin (2010): Commentary: What is Sustainability Economics? In: *Ecological Economics* 69 (3), S. 445–450.

Baumol, William J. (2008): Small Enterprises, Large Firms, Productivity Growth and Wages. In: *Journal of Policy Modeling* 30 (4), S. 575–589.

Bea, Franz Xaver; Schweitzer, Marcell (2009): Allgemeine Betriebswirtschaftslehre. Bd. 1: Grundfragen. überarb. und erw. 10. Aufl. Stuttgart: UTB GmbH.

Bebbington, Jan; Gray, Rob (2001): An Account of Sustainability: Failure, Success and a Reconceptualization. In: *Critical Perspectives on Accounting* 12 (5), S. 557–588.

Behringer, Stefan; Meyer, Katrin (2011): Motivation zu nachhaltigem Handeln in kleinen und mittleren Unternehmen und deren Einfluss auf den langfristigen Unternehmenserfolg. In: Jörn-Axel Meyer (Hg.): Nachhaltigkeit in kleinen und mittleren Unternehmen. Jahrbuch der KMU-Forschung und -Praxis 2011 in der Edition 'Kleine und mittlere Unternehmen'. Lohmar: Josef Eul Verlag, S. 15–29.

Belova, Olga; King, Ian; Sliwa, Martyna (2008): Introduction: Polyphony and Organization Studies: Mikhail Bakhtin and Beyond. In: *Organization Studies* 29 (4), S. 493–500.

Bettis, Richard A.; Prahalad, C. K. (1995): The Dominant Logic: Retrospective and Extension. In: *Strategic Management Journal* 16 (1), S. 5–14.

Blöchliger, Hansjörg; Staehelin-Witt, Elke (1993): Öffentliche Güter, Externalitäten und Eigentumsrechte. In: René L. Frey, Elke Staehelin-Witt und Hansjörg Blöchliger (Hg.): Mit Ökonomie zur Ökologie. Analyse und Lösungen des Umweltproblems aus ökonomischer Sicht. überarb. und erg. 2. Aufl. Basel; Frankfurt am Main: Helbing & Lichtenhahn Verlag AG,, S. 37–66.

Blomgren, Atle (2011): Does Corporate Social Responsibility Influence Profit Margins? A Case Study of Executive Perceptions. In: *Corporate Social Responsibility and Environmental Management* 18 (5), S. 263–274.

Bode, Alexander; Lortz, André (2011): Nachhaltigkeitsmanagement mittels Cluster-Kooperationen von KMU. In: Jörn-Axel Meyer (Hg.): Nachhaltigkeit in kleinen und mittleren Unternehmen. Jahrbuch der KMU-Forschung und -Praxis 2011 in der Edition 'Kleine und mittlere Unternehmen'. Lohmar: Josef Eul Verlag, S. 143–162.

Borchardt, Andreas; Göthlich, Stephan E. (2007): Erkenntnisgewinnung durch Fallstudien. In: Sönke Albers (Hg.): Methodik der empirischen Forschung. überarb. und erw. 2. Aufl. Wiesbaden: Gabler, S. 33–48.

Bortz, Jürgen; Döring, Nicola (2006): Forschungsmethoden und Evaluation für Human- und Sozialwissenschaftler. überarb. 4. Aufl. Heidelberg: Springer.

Bos-Brouwers, Hilke Elke Jacke (2010): Corporate Sustainability and Innovation in SMEs: Evidence of Themes and Activities in Practice. In: *Business Strategy and the Environment* 19 (7), S. 417–435.

Bosse, Douglas A.; Phillips, Robert A.; Harrison, Jeffrey S. (2009): Stakeholders, Reciprocity, and Firm Performance. In: *Strategic Management Journal* 30 (4), S. 447–456.

Boulding, Kenneth E. (1949-1950): Income or Welfare. In: *The Review of Economic Studies* 17 (2), S. 77–86.

Boulding, Kenneth E. (1966): The Economics of the Coming Spaceship Earth. In: Jarrett H. (Hg.): Environmental Quality in a Growing Economy. Baltimore: Johns Hopkins University Press, S. 3–14.

Brandenburger, Adam M.; Nalebuff, Barry J. (2008): Coopetition: Kooperativ konkurrieren. Mit der Spieltheorie zum Geschäftserfolg. 3. Aufl. Eschborn: Rieck.

Breitschuh, Jürgen; Wöller, Thomas (2007): Internationales Marketing. Ausgewählte Strategien zur Sicherung von Absatz- und Beschaffungsmärkten. München: Oldenbourg.

Broda, Stephan (2006): Marktforschungs-Praxis. Konzepte, Methoden, Erfahrungen. 1. Aufl. Wiesbaden: Gabler.

Bundesministerium für Umwelt, Naturschutz und Reaktorsicherheit (2011): Umweltwirtschaftsbericht 2011. Daten und Fakten für Deutschland. Hg. v. Umweltbundesamt. Umweltbundesamt. Berlin; Dessau. Online verfügbar unter http://www.umweltdaten.de/publikationen/fpdf-l/4210.pdf, zuletzt geprüft am 05.12.2012.

Bundesministerium für Wirtschaft und Technologie (2012): Definition der Kleinstunternehmen sowie der kleinen und mittleren Unternehmen (KMU-Definition). Online verfügbar unter http://www.foerderdatenbank.de/Foerder-DB/Navigation/Foerderrecherche/suche.html?get=4aa561e46fff16fb87d819d09c769842;views;document&doc=2018, zuletzt geprüft am 05.12.12.

Byggeth, Sophie; Broman, Göran; Robért, Karl-Henrik (2007): A Method for Sustainable Product Development Based on a Modular System of Guiding Questions. In: *Journal of Cleaner Production* 15 (1), S. 1–11.

Carbon Disclosure Project (2011): CDP Global Report 2011. Accelerating Low Carbon Growth. Online verfügbar unter https://www.cdproject.net/CDPResults/CDP-G500-2011-Report.pdf, zuletzt geprüft am 05.12.12.

Carlowitz, Hannß Carl von (2000 [1713]): Sylvicultura oeconomica: Anweisung zur wilden Baum-Zucht. Freiberg: TU Bergakademie Freiberg (Universitätsbibliothek „Georgius Agricola", 135).

Carrington, Michal J.; Neville, Benjamin A.; Whitwell, Gregory J. (2010): Why Ethical Consumers Don't Walk Their Talk: Towards a Framework for Understanding the Gap Between the Ethical Purchase Intentions and Actual Buying Behaviour of Ethically Minded Consumers. In: *Journal of Business Ethics* 97 (1), S. 139–158.

Cerdan, Carlos; Gazulla, Cristina; Raugei, Marco; Martinez, Eva; Fullana-i-Palmer, Pere (2009): Proposal For New Quantitative Eco-design Indicators: A First Case Study. In: *Journal of Cleaner Production* 17 (18), S. 1638–1643.

Cham, Jorge (2009): Sustainability. PhD (1146). Online verfügbar unter http://www.phdcomics.com/comics/archive.php?comicid=1146, zuletzt geprüft am 05.12.12.

Clement, Ronald W. (2005): The Lessons From Stakeholder Theory for U.S. Business Leaders. In: *Business Horizons* 48 (3), S. 255–264.

Coase, Ronald H. (1937): The Nature of the Firm. In: *Economica* 4 (16), S. 386–405.

Corsten, Hans; Gössinger, Ralf (2007): Dienstleistungsmanagement. vollst. überarb. und wesentlich erw. 5. Aufl. München u.a.: Oldenbourg.

Cotter, David A.; Hermsen, Joan M.; Ovadia, Seth; Vanneman, Reeve (2001): The Glass Ceiling Effect. In: *Social Forces* 80 (2), S. 655–682.

Cramer, Jacqueline (2002): From Financial to Sustainable Profit. In: *Corporate Social Responsibility and Environmental Management* 9 (2), S. 99–106.

Crilly, Donal; Sloan, Pamela (2012): Enterprise Logic: Explaining Corporate Attention to Stakeholders From the 'Inside-Out'. In: *Strategic Management Journal* 33 (10), S. 1174–1193.

Daly, Herman E. (1990): Toward Some Operational Principles of Sustainable Development. In: *Ecological Economics* 2 (1), S. 1–6.

Defourny, Jacques; Nyssens, Marthe (2006): Defining social enterprise. In: Marthe Nyssens (Hg.): Social Enterprise: At the Crossroads of Market, Public Policies and Civil Society. Unter Mitarbeit von Sophie Adam und Toby Johnson. Abingdon: Routledge (Routledge Studies in the Management of Voluntary and Non-Profit Organizations, 7), S. 3–21.

Delios, Andrew (2010): How Can Organizations Be Competitive But Dare to Care? In: *Academy of Management Perspectives* 24 (3), S. 25–36.

Delmas, Magali A.; Blass, Vered Doctori (2010): Measuring Corporate Environmental Performance: the Trade-Offs of Sustainability Ratings. In: *Business Strategy and the Environment* 19 (4), S. 245–260.

Delmas, Magali A.; Toffel, Michael W. (2004): Stakeholders and Environmental Management Practices: an Institutional Framework. In: *Business Strategy and the Environment* 13 (4), S. 209–222.

Delmas, Magali A.; Toffel, Michael W. (2008): Organizational Responses to Environmental Demands: Opening the Black Box. In: *Strategic Management Journal* 29 (10), S. 1027–1055.

Deutscher Bundestag (08.06.1967): Gesetz zur Förderung der Stabilität und des Wachstums der Wirtschaft. StabG, vom 31.10.2006. Online verfügbar unter http://www.gesetze-im-internet.de/bundesrecht/stabg/gesamt.pdf.

Deutscher Bundestag (2011): Enquete-Kommission: Wachstum, Wohlstand, Lebensqualität. Kurzprotokoll 1. Sitzung - Konstituierung. 17.01.2011. Online verfügbar unter http://www.bundestag.de/bundestag/ausschuesse17/gremien/enquete/wachstum/Protokolle/01_-_17_01_11.pdf, zuletzt geprüft am 05.12.12.

Dillerup, Ralf; Stoi, Roman (2006): Unternehmensführung. München: Vahlen.

DiMaggio, Paul J.; Powell, Walter W. (1983): The Iron Cage Revisited: Institutional Isomorphism and Collective Rationality in Organizational Fields. In: *American Sociological Review* 48 (2), S. 147–160.

Dixit, Avinash K.; Nalebuff, Barry J. (1997): Spieltheorie für Einsteiger. Strategisches Know-how für Gewinner. Stuttgart: Schäffer-Poeschel.

Donaldson, Thomas; Preston, Lee E. (1995): The Stakeholder Theory of the Corporation: Concepts, Evidence, and Implications. In: *Academy of Management Review* 20 (1), S. 65–91.

Doppler, Klaus; Lauterburg, Christoph (2008): Change Management. Den Unternehmenswandel gestalten. Frankfurt/Main: Campus-Verlag.

Dow Jones Sustainability Index (2012): Dow Jones Sustainability Index. Online verfügbar unter http://www.sustainability-indexes.com/dow-jones-sustainability-indexes/index.jsp, zuletzt geprüft am 05.12.12.

Dresing, Thorsten; Pehl, Thorsten (2011): Praxisbuch Transkription. Regelsysteme, Software und praktische Anleitungen für qualitative ForscherInnen. 2. Aufl. Marburg: Eigenverlag.

Dyckhoff, Harald; Souren, Rainer (2008): Nachhaltige Unternehmensführung. Grundzüge industriellen Umweltmanagements. Berlin: Springer (Springer-Lehrbuch).

Dyer, Jeffrey H.; Singh, Harbir (1998): The Relational View. Cooperative Strategy and Sources of Interorganizational Competitive Advantage. In: *Academy of Management Review* 23 (4), S. 660–679.

Dyllick, Thomas; Hockerts, Kai (2002): Beyond the Business Case for Corporate Sustainability. In: *Business Strategy and the Environment* 11 (2), S. 130–141.

Ehrenfeld, John (2004): Industrial Ecology: a New Field or Only a Metaphor? In: *Journal of Cleaner Production* 12 (12), S. 825–831.

Eisenhardt, Kathleen M. (1989): Building Theories from Case Study Research. In: *Academy of Management Review* 14 (4), S. 532–550.

Eisenhardt, Kathleen M.; Sull, Donald N. (2001): Strategy As Simple Rules. In: *Harvard Business Review* 79 (1), S. 106–116.

Elkington, John (1999 [1997]): Cannibals with Forks. The Triple Bottom Line of 21st Century Business. Oxford: Capstone Publishing Limited (Taschenbuch-Edition).

Eschenbach, Rolf; Eschenbach, Sebastian; Kunesch, Hermann (2008): Strategische Konzepte: Ideen und Instrumente von Igor Ansoff bis Hans Ulrich. 5. Aufl. Stuttgart: Schäffer-Poeschel.

Europäische Union (2003): Empfehlung der Kommission vom 6. Mai 2003 betreffend die Definition des Kleinstunternehmen sowie der kleinen und mittleren Unternehmen. Online verfügbar unter http://eur-lex.europa.eu/LexUriServ/LexUriServ.do?uri=OJ:L:2003:124:0036:0041:DE:PDF, zuletzt geprüft am 05.12.12.

Eweje, Gabriel (2011): A Shift in Corporate Practice? Facilitating Sustainability Strategy in Companies. In: *Corporate Social Responsibility and Environmental Management* 18 (3), S. 125–136.

Ewing, Bred; Moore, David; Goldfinger, Steven; Oursler, Anna; Reed, Anders; Wackernagel, Mathis (2010): The Ecological Footprint Atlas 2010. Hg. v. Global Footprint Network. Global Footprint Network. Oakland. Online verfügbar unter http://www.footprintnetwork.org/images/uploads/Ecological_Footprint_Atlas_2010.pdf, zuletzt geprüft am 05.12.12.

Ferrazzi, Keith; Raz, Tahl (2007): Geh nie alleine essen! und andere Geheimnisse rund um Networking und Erfolg. Kulmbach: Börsenmedien.

Firnkorn, Jörg; Müller, Martin (2011): What Will Be the Environmental Effects of New Free-floating Car-sharing Systems? The Case of car2go in Ulm. In: *Ecological Economics* 70 (8), S. 1519–1528.

Fleschutz, Karin (2008): Die Stiftung als Nachfolgeinstrument für Familienunternehmen. Handlungsempfehlungen für die Ausgestaltung und Überführung. 1. Aufl. Wiesbaden: Gabler.

Freeman, Ina; Hasnaoui, Amir (2011): The Meaning of Corporate Social Responsibility: The Vision of Four Nations. In: *Journal of Business Ethics* 100 (3), S. 419–443.

Freeman, R. Edward (1984): Strategic Management. A Stakeholder Approach. Boston: Pitman.

Freeman, R. Edward; Harrison, Jeffrey S.; Wicks, Andrew C.; Parmar, Bidhan L.; Colle, Simone de (2010): Stakeholder Theory. The State of the Art. Cambridge ; New York: Cambridge University Press.

Freiling, J.; Gersch, M.; Goeke, C. (2008): On the Path towards a Competence-based Theory of the Firm. In: *Organization Studies* 29 (8-9), S. 1143–1164.

Frey, Dieter (1997): Sozialpsychologie. Ein Handbuch in Schlüsselbegriffen. 4. Aufl. Weinheim: Beltz.

Frey, René L. (1993): Strategien und Instrumente. In: René L. Frey, Elke Staehelin-Witt und Hansjörg Blöchliger (Hg.): Mit Ökonomie zur Ökologie. Analyse und Lösungen des Umweltproblems aus ökonomischer Sicht. überarb. und erg. 2. Aufl. Basel; Frankfurt am Main: Helbing & Lichtenhahn Verlag AG,, S. 67–110.

Friedman, Andrew L.; Miles, Samantha (2002): SMEs and the Environment: Evaluating Dissemination Routes and Handholding Levels. In: *Business Strategy and the Environment* 11 (5), S. 324–341.

Friedman, Milton (1970): The Social Responsibility of Business is to Increase its Profits. In: *The New York Times Magazine* (13.09.70), S. 32 ff.

Frooman, Jeff (1999): Stakeholder Influence Strategies. In: *Academy of Management Review* 24 (2), S. 191–205.

Gastinger, Karin; Gaggl, Philipp (2012): CSR als strategischer Managementansatz. In: Andreas Schneider und René Schmidpeter (Hg.): Corporate Social Responsibility. Verantwortungsvolle Unternehmensführung in Theorie und Praxis. 2012. Aufl. Berlin Heidelberg: Springer, S. 243–258.

Glaser, Barney G.; Strauss, Anselm L. (2005): Grounded Theory. Strategien qualitativer Forschung. Unter Mitarbeit von Axel T. Paul und Stefan Kaufmann. korr. 2. Aufl. Bern: Huber.

Gläser, Jochen; Laudel, Grit (2010): Experteninterviews und qualitative Inhaltsanalyse als Instrumente rekonstruierender Untersuchungen. 4. Aufl. Wiesbaden: VS Verlag für Sozialwissenschaften.

Glavič, Peter; Lukman, Rebeka (2007): Review of Sustainability Terms and their Definitions. In: *Journal of Cleaner Production* 15 (18), S. 1875–1885.

Global Reporting Initiative (2012): Global Reporting Initiative. Hg. v. Global Reporting Initiative. Online verfügbar unter https://www.globalreporting.org/Pages/default.aspx, zuletzt geprüft am 05.12.12.

González-Benito, Javier; González-Benito, Óscar (2006): A Review of Determinant Factors of Environmental Proactivity. In: *Business Strategy and the Environment* 15 (2), S. 87–102.

González-Benito, Javier; Lannelongue, Gustavo; Queiruga, Dolores (2011): Stakeholder and Environmental Management Systems: a Synergistic Influence on Environmental Imbalance. In: *Journal of Cleaner Production* 19 (14), S. 1622–1630.

Grameen Bank: Grameen Bank. Online verfügbar unter http://www.grameen-info.org, zuletzt geprüft am 05.12.12.

Grant, Robert M.; Nippa, Michael (2006): Strategisches Management. Analyse, Entwicklung und Implementierung von Unternehmensstrategien. 5., aktualisierte Aufl. [der engl. Ausg., 1. dt.-sprachige Ausg.]. München [u.a.]: Pearson Studium.

Gulati, Ranjay (1998): Alliances and Networks. In: *Strategic Management Journal* 19 (4), S. 293–317.

Gulati, Ranjay (2009): Reorganize for Resilience. Putting Customers at the Center of Your Business. Boston: Harvard Business Press.

Haan, Gerhard de; Kamp, Georg; Lerch, Achim; Martignon, Laura; Müller-Christ, Georg; Nutzinger, Hans G.; Wütscher, Friederike (2008): Nachhaltigkeit und Gerechtigkeit. Grundlagen und schulpraktische Konsequenzen. 1. Aufl. Berlin: Springer.

Haddock-Fraser, Janet; Tourelle, Marielle (2010): Corporate Motivations for Environmental Sustainable Development: Exploring the Role of Consumers in Stakeholder Engagement. In: *Business Strategy and the Environment* 19 (8), S. 527–542.

Hahn, Tobias; Figge, Frank (2011): Beyond the Bounded Instrumentality in Current Corporate Sustainability Research: Toward an Inclusive Notion of Profitability. In: *Journal of Business Ethics* 104 (3), S. 325–345.

Hahn, Tobias; Kolk, Ans; Winn, Monika (2010): A New Future for Business? Rethinking Management Theory and Business Strategy. In: *Business Society* 49 (3), S. 385–401.

Hans Böckler Stiftung (2012): Statistisches Taschenbuch Tarifpolitik. WSI Tarifarchiv 2012. Unter Mitarbeit von Reinhard Bispinck. Düsseldorf: Peter Pomp.

Harrison, Jeffrey S.; St. John, Caron H. (1998): Strategic Management of Organizations and Stakeholders. Concepts & Cases. 2. Aufl. Cincinnati, Ohio: South-Western College Publishing.

Hart, Stuart L. (1995): A Natural-Resource-Based View of the Firm. In: *Academy of Management Review* 20 (4), S. 986–1014.

Hart, Stuart L.; Dowell, Glen (2011): A Natural-Resource-Based View of the Firm: Fifteen Years After. In: *Journal of Management* 37 (5), S. 1464–1479.

Hart, Stuart L.; Sharma, Sanjay (2004): Engaging Fringe Stakeholders for Competitive Imagination. In: *Academy of Management Executive* 18 (1), S. 7–18.

Hax, Arnoldo C.; Wilde, Dean L., II (1999): The Delta Model: Adaptive Management for a Changing World. In: *Sloan Management Review* (Winter), S. 11–28.

Henriques, Irene; Sadorsky, Perry (1999): The Relationship between Environmental Commitment and Managerial Perceptions of Stakeholder Importance. In: *Academy of Management Journal* 42 (1), S. 87–99.

Hermann, B.G; Kroeze, C.; Jawjit, W. (2007): Assessing Environmental Performance By Combining Life Cycle Assessment, Multi-criteria Analysis and Environmental Performance Indicators. In: *Journal of Cleaner Production* 15 (18), S. 1787–1796.

Hoekstra, A. Y. (2009): Human Appropriation of Natural Capital: A Comparison of Ecological Footprint and Water Footprint Analysis. In: *Ecological Economics* 68 (68), S. 1963–1974.

Hofmann, Kay H.; Theyel, Gregory; Wood, Craig H. (2012): Identifying Firm Capabilities as Drivers of Environmental Management and Sustainability Practices - Evidence from Small and Medium-Sized Manufacturers. In: *Business Strategy and the Environment* 21 (8), S. 530–545.

Hopf, Christel (2009): Qualitative Interviews - Ein Überblick. In: Uwe Flick, Ernst von Kardorff und Ines Steinke (Hg.): Qualitative Forschung. Ein Handbuch. 7. Aufl. Reinbek bei Hamburg: Rowohlt-Taschenbuch-Verl., S. 349–360.

Hopwood, Bill; Mellor, Mary O'Brien Geoff (2005): Sustainable Development: Mapping Different Approaches. In: *Sustainable Development* 13 (1), S. 38–52.

Horváth, Péter; Zahn, Erich; Krauer, Verena; Seiter, Mischa; Unsöld, Christian (2007): Bleiben, Gehen oder Rückkehren? In: Erich Zahn (Hg.): Erfolgreich produzieren am Standort Deutschland. Eine strategische Herausforderung. Bonn: Lemmens Medien GmbH, S. 115–159.

Institut für Mittelstandsforschung Bonn (2011): KMU-Definition des IfM Bon. Hg. v. Institut für Mittelstandsforschung Bonn. Online verfügbar unter http://www.ifm-bonn.org/index.php?id=89, zuletzt geprüft am 05.12.12.

International Labour Organisation (ILO) (2009): The Cost of Coercion. Global Report Under the Follow-up to the ILO Declaration on Fundamental Principles and Rights at Work ; International Labour Conference, 98th Session 2009, Report I (B). Geneva: ILO.

International Labour Organisation (ILO) (2010): Joining Forces Against Child labour. Interagency Report for The Hague Global Child Labour Conference of 2010. Geneva: ILO.

International Labour Organisation (ILO) (2012a): Decent Work. Hg. v. International Labour Organisation (ILO). Online verfügbar unter http://www.ilo.org/global/topics/decent-work/lang--en/index.htm, zuletzt geprüft am 05.12.12.

International Labour Organisation (ILO) (2012b): Tackling Child Labour. From Commitment to Action. Geneva: ILO.

International Labour Organisation (ILO) (2012c): The Cooperative Way of Doing Business. International Labour Organisation (ILO). Online verfügbar unter http://www.ilo.org/wcmsp5/groups/public/---ed_emp/---emp_ent/---coop/documents/publication/wcms_175504.pdf, zuletzt geprüft am 05.12.12.

International Organization for Standardization (2010): Discovering ISO 26000. Hg. v. International Organization for Standardization. Genf. Online verfügbar unter http://www.iso.org/iso/discovering_iso_26000.pdf, zuletzt geprüft am 05.12.12.

IÖW/future (2011): Status und Tendenzen der Nachhaltigkeitsberichterstattung deutscher KMU. Ergebnisse einer Befragung 2011. Unter Mitarbeit von Udo Westermann und Ingrid Grelewitz. Institut für ökologische Wirtschaftsforschung; future e. V. - verantwortung unternehmen. Münster, Berlin. Online verfügbar unter http://www.ranking-nachhaltigkeitsberichte.de/data/ranking/user_upload/konzerne/Ranking_2011/I%C3%96W-future-Ranking_2011_KMU.pdf, zuletzt geprüft am 05.12.12.

IÖW/future (2012): IÖW/future-Ranking der Nachhaltigkeitsberichte deutscher KMU 2011. Ergebnisse und Trends. Unter Mitarbeit von Jana Gebauer und Udo Westermann. Institut für ökologische Wirtschaftsforschung; future e. V. - verantwortung unternehmen. Münster. Online verfügbar unter http://www.ranking-nachhaltigkeitsberichte.de/data/ranking/user_upload/pdf/IOEW-future-Ranking_2011_KMU_Ergebnisbericht.pdf, zuletzt geprüft am 05.12.12.

Iwata, Hiroki; Okada, Keisuke (2011): How Does Environmental Performance Affect Financial Performance? Evidence from Japanese Manufacturing Firms. In: *Ecological Economics* 70 (9), S. 1691–1700.

Jackson, Tim (2009): Prosperity without growth? The transition to a sustainable economy. London. Online verfügbar unter http://www.sd-commission.org.uk/data/files/publications/prosperity_without_growth_report.pdf, zuletzt geprüft am 05.12.12.

Jarrett H. (Hg.) (1966): Environmental Quality in a Growing Economy. Baltimore: Johns Hopkins University Press.

Jasch, Christine (2012): CSR und Berichterstattung. In: Andreas Schneider und René Schmidpeter (Hg.): Corporate Social Responsibility. Verantwortungsvolle Unternehmensführung in Theorie und Praxis. 2012. Aufl. Berlin Heidelberg: Springer, S. 501–512.

Jenkins, Jesse; Nordhaus, Ted; Shellenberger, Michael (2011): Energy Emergence. Rebound & Backfire as an Emergent Phenomena. Hg. v. Breakthrough Institute. Online verfügbar unter http://thebreakthrough.org/blog/Energy_Emergence.pdf, zuletzt aktualisiert am 2011, zuletzt geprüft am 05.12.12.

Jensen, Michael C.; Meckling, William H. (1976): Theory of the Firm: Managerial Behavior, Agency Costs and Ownership Structure. In: *Journal of Financial Economics* 3, S. 305–360.

Jones, Thomas M. (1991): Ethical Decision Making by Individuals in Organizations: An Issue-Contingent Model. In: *Academy of Management Review* 16 (2), S. 366–395.

Jones, Thomas M. (1995): Instrumental Stakeholder Theory: A Synthesis of Ethics and Economics. In: *Academy of Management Review* 20 (2), S. 404–437.

Jones, Thomas M.; Felps, Will; Bigley, Gregory A. (2007): Ethical Theory and Stakeholder-Related Decisions: The Role of Stakeholder Culture. In: *Academy of Management Review* 32 (1), S. 137–155.

Jörissen, Juliane; Brandl, Volker; Kopfmüller, Jürgen; Paetau, Michael (2000): Ein integratives Konzept nachhaltiger Entwicklung: Der theoretisch-konzeptionelle Ansatz des HGF-Verbundprojektes. In: *TA-Datenbank-Nachrichten* 9 (2), S. 35–42.

Jovane, Francesco; Westkämper, Engelbert; Williams, David (2009): The ManuFuture Road. Towards Competitive and Sustainable High-Adding-Value Manufacturing. Berlin, Heidelberg: Springer.

Jung, Hans (2011): Personalwirtschaft. aktualisierte und verb. 9. Aufl. München: Oldenbourg.

Kaptein, Muel (2004): Business Codes of Multinational Firms: What Do They Say? In: *Journal of Business Ethics* 50 (1), S. 13–31.

Kassinsis, George; Vafeas, Nikos (2006): Stakeholder Pressure and Environmental Performance. In: *Academy of Management Journal* 49 (1), S. 145–159.

Kaya, Maria (2007): Verfahren der Datenerhebung. In: Sönke Albers (Hg.): Methodik der empirischen Forschung. überarb. und erw. 2. Aufl. Wiesbaden: Gabler, S. 49–64.

Kerr, Rankin Ian (2006): Leadership Strategies for Sustainable SME Operations. In: *Business Strategy and the Environment* 15 (1), S. 30–39.

KfW (2008): KMU-Definition. Hg. v. KfW. Online verfügbar unter http://www.kfw.de/kfw/de/I/II/Download_Center/Foerderprogramme/versteckter_Ordner_fuer_PDF/6000000196_M_F_KMU-Definition.pdf, zuletzt geprüft am 05.12.12.

Klassen, Robert D.; Whybark, D. Clay (1999): The Impact of Environmental Technologies on Manufacturing Performance 42 (6), S. 599–615.

Knight, Alan (2004): Sustainable Consumption: the Retailing Paradox. In: *Consumer Policy Review* 14 (4), S. 113–115.

Knippenberg, Luuk; Jong, Edwin B. P. de (2010): Moralising the Market by Moralising the Firm. Towards a Firm-Oriented Perspective of Corporate Social Responsibility. In: *Journal of Business Ethics* 96 (1), S. 17–31.

Kohr, Leopold (2002): Das Ende der Großen. Zurück zum menschlichen Maß. 2. Aufl. Salzburg: Müller (Werkausgabe / Leopold Kohr).

Kor, Yasemin Y.; Mesko, Andrea (2013): Dynamic managerial capabilities: Configuration and orchestration of top executives' capabilities and the firm's dominant logic. In: *Strategic Management Journal* 34 (2), S. 233–244.

Kotler, Philip; Armstrong, Gary; Wong, Veronica; Saunders, John (2011): Grundlagen des Marketing. akt. 5. Aufl. München: Pearson Studium (wi - Wirtschaft).

Koza, Mitchell P.; Thoenig, Jean-Claude (2003): Rethinking the Firm: Organizational Approaches. In: *Organization Studies* 24 (8), S. 1219–1229.

Krieger, David J. (1996): Einführung in die allgemeine Systemtheorie. 2. Aufl. München: Wilhelm Fink Verlag GmbH & Co KG (UTB für Wissenschaft, 1904).

Krishnan, Rama (1973): Business Philosophy and Executive Responsibility. In: *Academy of Management Journal* 16 (4), S. 658–669.

Krugman, Paul (2012): Building a Green Economy. Hg. v. The New York Times. Online verfügbar unter http://www.nytimes.com/2010/04/11/magazine/11Economy-t.html?src=me&ref=general, zuletzt geprüft am 05.12.12.

Kuckartz, Udo (2010): Einführung in die computergestützte Analyse qualitativer Daten. akt. 3. Aufl. Wiesbaden: VS Verlag für Sozialwissenschaften.

Lado, Augustine A.; Boyd, Nancy G.; Hanlon, Susan C. (1997): Competition, Cooperation, and the Search for Economic Rents: A Syncretic Model. In: *Academy of Management Review* 22 (1), S. 110–141.

Lahar, Stephanie (1991): Ecofeminist Theory and Grassroots Politics. In: *Hypatia* 6 (1), S. 28–45.

Lam, Jacqueline C. K.; Walker, Richard M.; Hills, Peter (2012): Interdisciplinarity in Sustainability Studies: A Review. In: *Sustainable Development* (Online First), S. n/a.

Lampel, Joseph; Shamsie, Jamal (2000): Probing the Unobtrusive Link: Dominant Logic and the Design of Joint Ventures at General Electric. In: *Strategic Management Journal* 21 (5), S. 593–602.

Langer, Gunner (2011): Unternehmen und Nachhaltigkeit : Analyse und Weiterentwicklung aus der Perspektive der wissensbasierten Theorie der Unternehmung. Wiesbaden: Gabler.

Lawn, Philip (2010): Commentary: Facilitating the Transition to a Steady-State Economy: Some Macroeconomic Fundamentals. In: *Ecological Economics* 69 (5), S. 931–936.

Leedy, Paul D.; Ormrod, Jeanne Ellis (2005): Practical Research. Planning and Design. 8. Aufl. Upper Saddle River: Pearson Prentice Hall.

Leitschuh, Heike (2008): CSR ist gut, Nachhaltig Wirtschaften ist besser. In: *uwf* 16 (1), S. 45–48.

Leyh, Christian; Krischke, Andre; Strahringer, Susanne (2011): Die Herausforderung der IT-Unterstützung des Nachhaltigkeitsmanagements in KMU. Eine vergleichende Betrachtung ausgewählter KMU und Großunternehmen. In: Jörn-Axel Meyer (Hg.): Nachhaltigkeit in kleinen und mittleren Unternehmen. Jahrbuch der KMU-Forschung und -Praxis 2011 in der Edition 'Kleine und mittlere Unternehmen'. Lohmar: Josef Eul Verlag, S. 269–288.

Lin-Hi, Nick (2007): Unternehmensverantwortung und ihre Integration in die Betriebswirtschaftslehre - zur Notwendigkeit einer konzeptionellen Grundlegung des unternehmerisches Verantwortungsdiskurses. In: *uwf* 15 (2), S. 99–103.

Lison, Ulrich (2003): Das nachhaltige Unternehmen. Ein globales Konzept als tragfähiges Unternehmensleitbild. Diss.--Stuttgart, 2002. Berlin: dissertation.de.

Littig, Beate; Grießler, Erich (2005): Social sustainability. A Catchword Between Political Pragmatism and Social Theory. In: *International Journal of Sustainable Development* 8 (1./2.), S. 65–78.

Loch, Christoph H.; Sting, Fabian J.; Bauer, Nikolaus; Mauermann, Helmut (2010): How BMW is Defusing the Demographic Time Bomb. In: *Harvard Business Review* 88 (3), S. 99–102.

Lockett, Andy (2005): Edith Penrose's Legacy to the Resource-Based View. In: *Managerial and Decision Economics* 26 (2), S. 83–98.

Loew, Thomas; Ankele, Kathrin; Braun, Sabine; Clausen, Jens (2004): Bedeutung der internationalen CSR-Diskussion für Nachhaltigkeit und die sich daraus ergebenden Anforderungen an Unternehmen mit Fokus Berichterstattung. Endbericht - Münster und Berlin, 2004. future e.V. – Büro München // Institut für ökologische Wirtschaftsforschung (IÖW) gGmbH. Münster, Berlin. Online verfügbar unter http://www.ioew.de/publikation_single/Bedeutung_der_internationalen_CSR_Diskussion_fuer_Nachhaltigkeit_und_die_sich_daraus_ergebenden_Anfo-1/, zuletzt geprüft am 05.12.12.

Lozano, Rodrigo; Huisingh, Don (2011): Inter-linking Issues and Dimensions in Sustainability Reporting. In: *Journal of Cleaner Production* 19 (2-3), S. 99–107.

Luhmann, Niklas (2004): Ökologische Kommunikation - Kann die moderne Gesellschaft sich auf ökologische Gefährdungen einstellen? 4. Aufl. Wiesbaden: VS Verlag für Sozialwissenschaften, zuletzt geprüft am 25.02.2010.

Majer, Helge (1998): Wirtschaftswachstum und nachhaltige Entwicklung. völlig neubearb. und erw. 3. Aufl. München,: Oldenbourg.

Malena, Carmen (1995): Working with NGOs. A Practical Guide to Operational Collaboration between The World Bank and Non-governmental Organizations. Hg. v. World Bank. Operations Policy Department. Online verfügbar unter http://www-wds.worldbank.org/external/default/WDSContentServer/WDSP/IB/1995/03/01/000009265_3961219103437/Rendered/PDF/multi_page.pdf, zuletzt geprüft am 05.12.12.

Marchand, Anne; Walker, Stuart (2008): Product Development and Responsible Consumption: Designing Alternatives for Sustainable Lifestyles. In: *Journal of Cleaner Production* 16 (16), S. 1163–1169.

Marcus, Alfred A.; Fremeth, Adam R. (2009): Green Management Matters Regardless. In: *Academy of Management Perspectives* 23 (3), S. 17–25.

Martin, Roger (2010): Das Zeitalter des Kundenkapitalismus. In: *Harvard Business Manager* (März), S. 76–85.

Martínez-Alier, Joan; Pascual, Unai; Vivien, Franck-Dominique; Zaccai, Edwin (2010): Sustainable De-growth: Mapping the Context, Criticisms and Future Prospects of an Emergent Paradigm. In: *Ecological Economics* 69 (9), S. 1741–1747.

Matsumoto, Mitsutaka (2009): Business Frameworks for Sustainable Society: A Case Study on Reuse Industries in Japan. In: *Journal of Cleaner Production* 17 (17), S. 1547–1555.

Mayer, Horst O. (2006): Interview und schriftliche Befragung. Entwicklung, Durchführung und Auswertung. überarb. 3. Aufl. München: Oldenbourg.

Mayring, Philipp (2008): Qualitative Inhaltsanalyse. Grundlagen und Techniken. neu ausgestattete 10. Aufl. Weinheim ; Basel: Beltz.

McMahon, Joan M.; Harvey, Robert J. (2006): An Analysis of the Factor Structure of Jones' Moral Intensity Construct. In: *Journal of Business Ethics* 64 (4), S. 381–404.

Meadows, Dennis (2000 [1972]): Die Grenzen des Wachstums. Bericht des Club of Rome zur Lage der Menschheit. 17. Aufl. Stuttgart: Dt. Verl.-Anst. (Dva informativ).

Meadows, Donella; Randers, Jørgen; Meadows, Dennis (2007): Grenzen des Wachstums. Das 30-Jahre-Update; Signal zum Kurswechsel. erg. 2. Aufl. Stuttgart: Hirzel.

Menzel, Daniela; Günther, Lars (2011): Nachhaltigkeit und strategisches Management in kleinen und mittleren Unternehmen. In: Jörn-Axel Meyer (Hg.): Nachhaltigkeit in kleinen und mittleren Unternehmen. Jahrbuch der KMU-Forschung und -Praxis 2011 in der Edition 'Kleine und mittlere Unternehmen'. Lohmar: Josef Eul Verlag, S. 85–114.

Meuser, Michael; Nagel, Ulrike (1991): ExpertInneninterviews - vielfach erprobt, wenig bedacht. In: Detlef Garz und Klaus Kraimer (Hg.): Qualitativ-empirische Sozialforschung. Konzepte, Methoden, Analysen. Opladen: Westdeutscher Verlag, S. 441–471.

Meyer, Christopher; Kirby, Julia (2010): Leadership in the Age of Transparency. In: *Harvard Business Review* (April), S. 38–46.

Meyer, Jörn-Axel (Hg.) (2011): Nachhaltigkeit in kleinen und mittleren Unternehmen. Jahrbuch der KMU-Forschung und -Praxis 2011 in der Edition 'Kleine und mittlere Unternehmen'. Deutsches Institut für kleine und mittlere Unternehmen. Lohmar: Josef Eul Verlag.

Meyer, Jörn-Axel; Schulz, Anja (2011): Nachhaltigkeit in kleinen und mittleren Unternehmen – Überblick über das Jahrbuch der KMU-Forschung und Praxis 2011. In: Jörn-Axel Meyer (Hg.): Nachhaltigkeit in kleinen und mittleren Unternehmen. Jahrbuch der KMU-Forschung und -Praxis 2011 in der Edition 'Kleine und mittlere Unternehmen'. Lohmar: Josef Eul Verlag, S. 3–11.

Miller, Kent D. (2007): Risk and Rationality in Entrepreneurial Processes. In: *Strategic Entrepreneurship Journal* 1 (1-2), S. 57–74.

Mintzberg, Henry (2009): Rebuilding Companies as Communities. In: *Harvard Business Review* (Juli-August), S. 140–143.

Mintzberg, Henry; Lampel, Joseph (1999): Reflecting on the Strategy Process. In: *Sloan Management Review* (Spring).

Mintzberg, Henry; Waters, James A. (1985): Of Strategies, Deliberate and Emergent. In: *Strategic Management Journal* 6 (3), S. 257–272.

Mintzberg, Henry; Ahlstrand, Bruce; Lampel, Joseph (1999): Strategy-Safari. Eine Reise durch die Wildnis des strategischen Managements. Nachdr. Wien: Ueberreuter.

Mitchell, Ronald K.; Agle, Bradley R.; Wood, Donna J. (1997): Toward a Theory of Stakeholder Identification and Salience: Defining the Principle of Who and What Really Counts. In: *Academy of Management Review* 22 (4), S. 853–886.

Mog, Justin M. (2004): Struggling with Sustainability. A Comparative Framework for Evaluating Sustainable Development Programs. In: *World Development* 32 (12), S. 2139–2160.

Möller, Andreas; Schaltegger, Stefan (2005): The Sustainability Balanced Scorecard as a Framework for Eco-efficiency Analysis. In: *Journal of Business Venturing* 9 (4), S. 73–83.

Mont, Oksana (2002): Clarifying the Concept of Product–Service System. In: *Journal of Cleaner Production* 10 (3), S. 237–245.

Mont, Oksana; Plepys, Andrius (2008): Sustainable Consumption Progress: Should We Be Proud or Alarmed? In: *Journal of Cleaner Production* 16 (16), S. 531–537.

Murillo-Luna, Josefina L.; Garcés-Ayerbe, Concepción; Rivera-Torres, Pilar (2008): Why Do Patterns of Environmental Response Differ? A Stakeholders' Pressure Approach. In: *Strategic Management Journal* 29 (11), S. 1225–1240.

Nährlich, Stefan (2008): Tue Gutes und profitiere davon. Zum Nutzen von Corporate Citizenship-Aktivitäten. In: Holger Backhaus-Maul, Christiane Biedermann, Stefan Nährlich und Judith Polterauer (Hg.): Corporate Citizenship in Deutschland. Bilanz und Perspektiven. Wiesbaden: VS Verlag für Sozialwissenschaften, S. 183–200.

Nutt, Paul C. (2004): Expanding the Search for Alternatives During Strategic Decision-Making. In: *Academy of Management Executive* 18 (4), S. 13–28.

OECD Environment Programme (2002): Indicators to Measure Decoupling of Environmental Pressure From Economic Growth. OECD Environment Programme. Online verfügbar unter http://www.oecd.org/dataoecd/0/52/1933638.pdf, zuletzt aktualisiert am 16.05.2002, zuletzt geprüft am 05.12.12.

Oehler, Andreas; Schalkowski, Henrik; Wendt, Stefan (2011): Gefährdung der Nachhaltigkeit von KMU durch Wirtschaftskriminalität. Ansatzpunkte zur Aufdeckung und Vorbeugung durch Forensic Economics & Finance. In: Jörn-Axel Meyer (Hg.): Nachhaltigkeit in kleinen und mittleren Unternehmen. Jahrbuch der KMU-Forschung und -Praxis 2011 in der Edition 'Kleine und mittlere Unternehmen', 367-381. Lohmar: Josef Eul Verlag.

O'Higgins, Eleanor R. E. (2010): Corporations, Civil Society, and Stakeholders: An Organizational Conceptualization. In: *Journal of Business Ethics* 94 (2), S. 157–176.

Olson, Mancur (2004): Die Logik des kollektiven Handelns. Kollektivgüter und die Theorie der Gruppen. 5. Aufl. Tübingen: Mohr Siebeck (Die Einheit der Gesellschaftswissenschaften, 10).

Onkila, Tiina (2011): Multiple Forms of Stakeholder Interaction in Environmental Management: Business Arguments Regarding Differences in Stakeholder Relationships. In: *Business Strategy and the Environment* 20 (6), S. 379–393.

Orsato, Renato J. (2006): Competitive Environmental Strategies: When Does it Pay to be Green? In: *California Management Review* 48 (2), S. 127–143.

Oxley-Green, Abigail; Hunton-Clarke, Lynsey (2003): A Typology of Stakeholder Participation for Company Environmental Decision-Making. In: *Business Strategy and the Environment* 12 (5), S. 292–299.

Paech, Niko (2009): Die Postwachstumsökonomie - ein Vademecum. In: *Zeitschrift für Sozialökonomie* 46 (160/161), S. 28–31.

Parrish, Bradley D. (2010): Sustainability-Driven Entrepreneurship: Principles of Organization Design. In: *Journal of Business Venturing* 25 (5), S. 510–523.

Pearce, D. W.; Atkinson, G. D.; Dubourg, W. R. (1994): The Economics of Sustainable Development. In: *Annual Review Energy Environment* 19, S. 457–474.

Penrose, Edith Tilton (2009): The theory of the growth of the firm. 4th ed., Rev. Oxford, New York: Oxford University Press.

Peschl, Thomas (2010): Strategisches Management hybrider Leistungsbündel. Frankfurt/ Main: Peter Lang (Schriften zur Unternehmensplanung, 85).

Peters, Thomas J.; Waterman, Robert H. (1984): Auf der Suche nach Spitzenleistungen. Was man von den bestgeführten US-Unternehmen lernen kann. 10. Aufl. Landsberg am Lech: Verl. Moderne Industrie.

Pfeffer, Jeffrey (2010): Building Sustainable Organizations: The Human Factor. In: *Academy of Management Perspectives* 24 (1), S. 34–45.

Phillips, Robert A. (2003): Stakeholder Legitimacy. In: *Business Ethics Quarterly* 13 (1), S. 25–41.

Pieper, Annemarie (2000): Einführung in die Ethik. überarb. und akt. 4. Aufl. Tübingen: Francke (UTB für Wissenschaft Uni-Taschenbücher, 1637).

Porter, Michael E. (1980): Competitive Strategy. Techniques for Analyzing Industries and Competitors. New York: Free Press.

Porter, Michael E. (1996): What is Strategy? In: *Harvard Business Review* (November-December 1996), S. 61–78.

Porter, Michael E. (2000): Wettbewerbsvorteile. Spitzenleistungen erreichen und behaupten. 6. Aufl. Frankfurt: Campus-Verlag.

Porter, Michael E.; Kramer, Mark R. (2011): Creating Shared Value. In: *Harvard Business Review* (January-February), S. 62–77.

Porter, Michael E.; van der Linde, Claas (1995): Toward a New Conception of the Environment-Competitiveness Relationship. In: *Journal of Economic Perspectives* 9 (4), S. 97–118.

Prahalad, C. K.; Bettis, Richard A. (1986): The Dominant Logic: A New Linkage between Diversity and Performance. In: *Strategic Management Journal* 7 (6), S. 485–501.

Prüfer, Peter; Rexroth, Margrit (1996): Verfahren zur Evaluation von Survey-Fragen: Ein Überblick. In: *ZUMA* 20 (39), S. 95–115.

Quentmeier, Helma (2012): Praxishandbuch Compliance. Grundlagen, Ziele und Praxistipps für Nicht-Juristen. Wiesbaden: Gabler Verlag / Springer Fachmedien Wiesbaden GmbH.

Rabbe, Stephanie; Schulz, Anja (2011a): Herausforderungen an ein ganzheitliches Nachhaltigkeitsmanagementsystem zur Professionalisierung des strategischen Nachhaltigkeitsmanagements in kleinen und mittleren Unternehmen. In: Jörn-Axel Meyer (Hg.): Nachhaltigkeit in kleinen und mittleren Unternehmen. Jahrbuch der KMU-Forschung und -Praxis 2011 in der Edition 'Kleine und mittlere Unternehmen'. Lohmar: Josef Eul Verlag, S. 59–81.

Rabbe, Stephanie; Schulz, Anja (2011b): Nachhaltigkeit in kleinen und mittleren Unternehmen. State of the Art. In: Jörn-Axel Meyer (Hg.): Nachhaltigkeit in kleinen und mittleren Unternehmen. Jahrbuch der KMU-Forschung und -Praxis 2011 in der Edition 'Kleine und mittlere Unternehmen'. Lohmar: Josef Eul Verlag, S. 405–425.

Ramus, C. A. (2005): When Are Corporate Environmental Policies a Form of Greenwashing? In: *Business & Society* 44 (4), S. 377–414.

Ravenswood, Katherine (2011): Eisenhardt's Impact on Theory in Case Study Research. In: *Journal of Business Research* 64 (7), S. 680–686.

Reichel, André; Seeberg, Barbara (2010): Rightsizing Production: The Calculus of „Ecological Allowance" and the Need for Industrial Degrowth. In: Marco Garetti, Marco Taisch, Sergio Cavalieri, Sergio Terzi und Mario Tucci (Hg.): Proceedings of APMS 2010 - International Conference on Advances in Production Management Systems. Competitive and Sustainable Manufacturing Products and Services. 11.-13. October 2010 - Cernobbio, Como - Italy. Milano: Poliscript - Politecnico di Milano.

Reichel, André; Seeberg, Barbara (2011): The Ecological Allowance of Enterprise: An Absolute Measure of Corporate Environmental Performance, its Implications for Strategy, and a Small Case. In: *Journal of Environmental Sustainability* 1 (1), S. 81–93.

Revell, Andrea; Stokes, David; Chen, Hsin (2010): Small Businesses and the Environment: Turning Over a New Leaf? In: *Business Strategy and the Environment* 19 (5), S. 273–288.

Rickens, Christian (2010): Mehr Schein als Sein. Hg. v. Manager Magazin Online. Online verfügbar unter http://www.manager-magazin.de/magazin/artikel/0,2828,714172,00.html, zuletzt geprüft am 05.12.12.

Rockström, Johan; Will, Steffen; Noone, Kevin; et. al. (2009): A Safe Operating Space for Humanity. In: *Nature* 461 (24.09.09), S. 472–475.

Rosenblum, Jeffrey; Horvath, Arpad; Hendrickson, Chris (2000): Environmental Implications of Service Industries. In: *Environmental Science & Technology* 34 (22), S. 4669–4676.

Rumelt, Richard P. (2012): Good strategy, bad strategy. The difference and why it matters. London: Profile.

Schäfer, Henry (2007): Das gesellschaftliche Engagement von Familienunternehmen. Dokumentation der Ergebnisse einer Unternehmensbefragung. Unter Mitarbeit von Birgit Riess und Stefan Heidbreder. Hg. v. Bertelsmann Stiftung und Stiftung Familienunternehmen. Gütersloh. Online verfügbar unter http://www.bwi.uni-stuttgart.de/fileadmin/abt3/Publikationen/Das_gesellschaftliche_Engagement_von_Familienunternehmen.pdf, zuletzt geprüft am 05.12.12.

Schäfer, Henry (2009): Verantwortliches Investieren: Zur wachsenden ökonomischen Relevanz von Corporate Social Responsibility auf den internationalen Finanzmärkten. In: Gotlind Ulshöfer und Gesine Bonnet (Hg.): Corporate Social Responsibility auf dem Finanzmarkt : nachhaltiges Investment - politische Strategien - ethische Grundlagen. Wiesbaden: VS Verlag für Sozialwissenschaften, S. 64–80.

Schäfer, Henry (2012): Gesellschaftliches Engagement des deutschen Mittelstands – eine empirische Vergleichsanalyse. Unveröffentlichte Studie. Betriebswirtschaftliches Institut – Universität Stuttgart.

Schäfer, Henry; Kröner, Fabian; Seeberg, Barbara (2011): Zielgruppengerechte Nachhaltigkeitsberichterstattung mit Hilfe des Socially Responsible Investment (SRI)-Factsheets. In: *Zeitschrift für Controlling* 23 (8/9), S. 466–472.

Schaltegger, Stefan (1999): Ein Kriterium unter vielen. Öko-Effizienz als Element des sozio-ökonomisch vernünftigen Umweltmanagements. In: *Ökologisches Wirtschaften* (3), S. 12–14.

Schaltegger, Stefan; Sturm, Andreas (1993): Ökologieorientiertes Management. In: René L. Frey, Elke Staehelin-Witt und Hansjörg Blöchliger (Hg.): Mit Ökonomie zur Ökologie. Analyse und Lösungen des Umweltproblems aus ökonomischer Sicht. überarb. und erg. 2. Aufl. Basel; Frankfurt am Main: Helbing & Lichtenhahn Verlag AG,, S. 179–201.

Schein, Edgar H. (2010): Organizational Culture and Leadership. 4. Aufl. San Francisco: Jossey-Bass.

Schneider, Andreas (2012): Reifegradmodell CSR - eine Begriffsklärung und -abgrenzung. In: Andreas Schneider und René Schmidpeter (Hg.): Corporate Social Responsibility. Verantwortungsvolle Unternehmensführung in Theorie und Praxis. 2012. Aufl. Berlin Heidelberg: Springer, S. 17–38.

Scholl, Gerd; Rubik, Frieder; Kalimo, Harri; Eivind, Stø (2008): Why Do We Need a Policy to Deal With Sustainable Consumption. Innovative Approaches to Promote Sustainable Consumption. In: *Ökologisches Wirtschaften* (3), S. 24–27.

Schor, Juliet B. (2005): Prices and Quantities: Unsustainable Consumption and the Global Economy. In: *Ecological Economics* 55 (3), S. 309–320.

Schramm, Florian; Schlese, Michael (2011): Diversity-Kompetenz in KMU - ein Mosaikstein des nachhaltigen Managements? In: Jörn-Axel Meyer (Hg.): Nachhaltigkeit in kleinen und mittleren Unternehmen. Jahrbuch der KMU-Forschung und -Praxis 2011 in der Edition 'Kleine und mittlere Unternehmen'. Lohmar: Josef Eul Verlag, S. 183–199.

Schröder, Regina W. (2011): Integration der Nachhaltigkeit in Performance Measurement-Systeme von kleinen und mittelständischen Unternehmen. In: Jörn-Axel Meyer (Hg.): Nachhaltigkeit in kleinen und mittleren Unternehmen. Jahrbuch der KMU-Forschung und -Praxis 2011 in der Edition 'Kleine und mittlere Unternehmen'. Lohmar: Josef Eul Verlag, S. 225–243.

Schröder, Torben; Wömpener, Andreas (2011): Kosten und Nutzen der Wertorientierung im Mittelstand. In: Jörn-Axel Meyer (Hg.): Nachhaltigkeit in kleinen und mittleren Unternehmen. Jahrbuch der KMU-Forschung und -Praxis 2011 in der Edition 'Kleine und mittlere Unternehmen'. Lohmar: Josef Eul Verlag, S. 31–57.

Schwartz, Mark S. (2001): The Nature of the Relationship between Corporate Codes of Ethics and Behaviour. In: *Journal of Business Ethics* 32 (3), S. 247–262.

Seelos, Christian; Mair, Johanna (2005): Social Entrepreneurship: Creating New Business Models to Serve the Poor. In: *Business Horizons* 48 (3), S. 241–246.

Seidl, Irmi; Zahrnt, Angelika (2010): Postwachstumsgesellschaft. Konzepte für die Zukunft. Marburg: Metropolis-Verl. (Ökologie und Wirtschaftsforschung, 87).

Shane, Scott (2000): Prior Knowledge and the Discovery of Entrepreneurial Opportunities. In: *Organization Sciences* 11 (4), S. 448–469.

Shane, Scott; Venkataraman, S. (2000): The Promise of Entrepreneurship as a Field of Research. In: *Academy of Management Review* 25 (1), S. 217–226.

Simon, Hermann (2007): Hidden Champions des 21. Jahrhunderts. Die Erfolgsstrategien unbekannter Weltmarktführer. Frankfurt/Main: Campus-Verlag.

Singh, Rajesh Kumar; Murty, H. R.; Gupta, S. K.; Dikshit, A. K. (2012): An Overview of Sustainability Assessment Methodologies. In: *Ecological Indicators* 15 (1), S. 281–299.

Sminia, Harry (2009): Process Research in Strategy Formation: Theory, Methodology and Relevance. Theory, Methodology and Relevance. In: *International Journal of Management Reviews* 11 (1), S. 97–125.

Social Accountability International (2008): Social Accountability 8000. Hg. v. Social Accountability International. Online verfügbar unter http://www.sa-intl.org/_data/n_0001/resources/live/2008StdEnglishFinal.pdf, zuletzt geprüft am 05.12.12.

Sonntag, Viki (2000): Sustainability – in Light of Competitiveness. In: *Ecological Economics* 34 (34), S. 101–113.

Spillmann, Andreas; Staehelin-Witt, Elke (1993): Konflikte und Widerstände. In: René L. Frey, Elke Staehelin-Witt und Hansjörg Blöchliger (Hg.): Mit Ökonomie zur Ökologie. Analyse und Lösungen des Umweltproblems aus ökonomischer Sicht. überarb. und erg. 2. Aufl. Basel; Frankfurt am Main: Helbing & Lichtenhahn Verlag AG,, S. 111–135.

Staehelin-Witt, Elke (1993): Bewertung von Umweltgütern. In: René L. Frey, Elke Staehelin-Witt und Hansjörg Blöchliger (Hg.): Mit Ökonomie zur Ökologie. Analyse und Lösungen des Umweltproblems aus ökonomischer Sicht. überarb. und erg. 2. Aufl. Basel; Frankfurt am Main: Helbing & Lichtenhahn Verlag AG,, S. 219–230.

Stahlmann, Volker; Clausen, Jens (1999): Öko-Effizienz und Öko-Effektivität. Was ist der geeignete Maßstab für Umweltleistungsmessung? In: *Ökologisches Wirtschaften* (3), S. 20–21.

Statistisches Bundesamt (2011): Statistisches Jahrbuch 2011 für die Bundesrepublik Deutschland. Wiesbaden: SFG Servicecenter Fachverlage; Statistisches Bundesamt.

Stewart, Wayne H., Jr.; Watson, Warren E.; Carland, Joann C.; Carland, James W. (1999): A Proclivity for Entrepreneurship: A Comparison of Entrepreneurs, Small Business Owners, and Corporate Managers. In: *Journal of Business Venturing* 14 (2), S. 189–214.

Stiglitz, Joseph; Schmidt, Thorsten (2010): Im freien Fall. Vom Versagen der Märkte zur Neuordnung der Weltwirtschaft. München: Siedler.

Strand, Robert (2008): The Stakeholder Dashboard. In: *Greener Management International* 54, S. 23–26.

Suchman, Mark C. (1995): Managing Legitimacy: Strategic and Institutional Approaches. In: *Academy of Management Review* 20 (3), S. 571–610.

Sun, Tsu (2001): Wahrhaft siegt, wer nicht kämpft. Die Kunst des Krieges. Ungekürzte Taschenbuchausg. München, Zürich: Piper.

Tainter, Joseph A. (2006): Social Complexity and Sustainability. In: *Ecological Complexity* 3 (2), S. 91–103.

Tanguay, Georges A.; Rajaonson, Juste; Lefebvre, Jean-François; Lanoie, Paul (2010): Measuring the Sustainability of Cities: An Analysis of the Use of Local Indicators. In: *Ecological Indicators* 10 (2), S. 407–418.

Tapscott, Don; Williams, Anthony D. (2007): Wikinomics : How Mass Collaboration Changes Everything. New York: Portfolio.

Teece, David J.; Pisano, Gary; Shuen, Amy (1997): Dynamic Capabilities and Strategic Management. In: *Strategic Management Journal* 18 (7), S. 509–533.

Thaler, Richard H; Sunstein, Cass R (2009): Nudge. Wie man kluge Entscheidungen anstößt. 3. Aufl. Berlin: Econ.

Tilley, Fiona; Young, William (2009): Sustainability Entrepreneurs. Could They Be the True Wealth Generators of the Future? In: *Greener Management International* 55 (Winter), S. 79–92.

Tukker, Arnold (2004): Eight Types of Product-Service-Systems: Eight Ways to sustainability? Experiences From Suspronet. In: *Business Strategy and the Environment* 13 (4), S. 246–260.

United Nations (2006): United Nations Environmental Programme. Organization Profile. Hg. v. United Nations. United Nations Environmental Programme. Online verfügbar unter http://www.unep.org/PDF/UNEPOrganizationProfile.pdf, zuletzt geprüft am 05.12.12.

United Nations (2012): Human Development Index. United Nations. Online verfügbar unter http://hdr.undp.org/en/media/FAQs_2011_HDI.pdf, zuletzt geprüft am 05.12.12.

United Nations Conference on Environment and Development (1992): Agenda 21. Hg. v. United Nations Conference on Environment and Development. United Nations. Rio de Janeiro. Online verfügbar unter http://www.un-documents.net/agenda21.htm, zuletzt geprüft am 05.12.12.

UNODC (2004): United Nations Convention against Corruption. Hg. v. United Nations Office on Drugs and Crime. Wien, New York. Online verfügbar unter http://www.unodc.org/documents/treaties/UNCAC/Publications/Convention/08-50026_E.pdf, zuletzt geprüft am 05.12.12.

UNODC (2012): Signatories to the United Nations Convention against Corruption. Hg. v. UNODC. Online verfügbar unter http://www.unodc.org/unodc/en/treaties/CAC/signatories.html, zuletzt geprüft am 05.12.12.

Vaara, E.; Durand, R. (2012): How to Connect Strategy Research With Broader Issues That Matter? In: *Strategic Organization* 10 (3), S. 248–255.

van der Bergh, Jeroen C. J. M. (2009): The GDP Paradox. In: *Journal of Economic Psychology* 30 (2), S. 117–135.

Waage, Sissel A. (2007): Re-considering Product Design: A Practical „Road Map" for Integration of Sustainability Issues. In: *Journal of Cleaner Production* 15 (15), S. 638–649.

Wackernagel, Mathis (2002): Tracking the Ecological Overshoot of the Human Economy. In: *PNAS* 99 (14), S. 9266–9271.

Wagner, Marcus (2010): The Role of Corporate Sustainability Performance for Economic Performance: A firm-level analysis of moderation effects. In: *Ecological Economics* 69 (7), S. 1553–1560.

Walther, Michael; Schenkel, Markus (2011): Nachhaltigkeitsmanagement und - nachweissysteme in KMU. Kritische Anmerkungen mit Blick auf die ISO 26.000. In: Jörn-Axel Meyer (Hg.): Nachhaltigkeit in kleinen und mittleren Unternehmen. Jahrbuch der KMU-Forschung und -Praxis 2011 in der Edition 'Kleine und mittlere Unternehmen'. Lohmar: Josef Eul Verlag, S. 245–265.

Warren, Karen J.; Cheney, Jim (1991): Ecological Feminism and Ecosystem Ecology. In: *Hypatia* 6 (1), S. 179–197.

Weick, Karl E. (1995 [1985]): Der Prozess des Organisierens. Frankfurt: Suhrkamp.

Weick, Karl E.; Sutcliffe, Kathleen M. (2001): Managing the unexpected. Assuring high performance in an age of complexity. San Francisco: Jossey-Bass.

Weizsäcker, Ernst Ulrich von (2001): Von den Grenzen des Wachstums zur Nachhaltigkeit. In: *e&i Elektrotechnik und Informationstechnik* 118 (4), S. 198–199.

Weizsäcker, Ernst Ulrich von; Desha, Cheryl (2010): Faktor Fünf. Die Formel für nachhaltiges Wachstum. München: Droemer.

Weizsäcker, Ernst Ulrich von; Lovins, Amory B.; Lovins, L. H. (1995): Faktor Vier. Doppelter Wohlstand - halbierter Naturverbrauch: der neue Bericht an den Club of Rome. München: Droemer Knaur.

Welsh, John A.; White, Jerry F. (1981): A Small Business is Not a Little Big Business. In: *Harvard Business Review* (Juli-August), S. 2–12.

Wengenroth, Ulrich (1997): Germany: Competition abroad - cooperation at home, 1870-1990. In: Alfred Dupont Chandler, Franco Amatori und Takashi Hikino (Hg.): Big business and the wealth of nations : [the essays from the Eleventh International Economic History Congress at Milan in 1994]. Cambridge: Cambridge University Press, S. 139–175.

Werle, Klaus (2012): Karriere? Ohne uns! Spiegel online. Online verfügbar unter http://www.spiegel.de/karriere/berufsleben/karriere-work-life-balance-wird-fuehrungs-kraeften-immer-wichtiger-a-845507.html, zuletzt geprüft am 05.12.12.

Wernerfelt, Birger (1984): A Resource-based View of the Firm. In: *Strategic Management Journal* 5 (2), S. 171–180.

Westkämper, Engelbert (2006): Einführung in die Organisation der Produktion. Berlin, Heidelberg: Springer.

Westkämper, Engelbert (2007): Nachhaltige Strategien der Produktion am Standort Deutschland. In: Erich Zahn (Hg.): Erfolgreich produzieren am Standort Deutschland. Eine strategische Herausforderung. Bonn: Lemmens Medien GmbH, S. 25–47.

Westkämper, Engelbert; Zahn, Erich (2009): Wandlungsfähige Produktionsunternehmen: Das Stuttgarter Unternehmensmodell. Berlin, Heidelberg: Springer.

Wieland, Josef (2008): Corporate Citizens sind kollektive Bürger. In: Holger Backhaus-Maul, Christiane Biedermann, Stefan Nährlich und Judith Polterauer (Hg.): Corporate Citizenship in Deutschland. Bilanz und Perspektiven. Wiesbaden: VS Verlag für Sozialwissenschaften, S. 87–93.

Williamson, Oliver E. (1975): Markets and hierarchies, analysis and antitrust implications. A study in the economics of internal organization. New York: Free Press.

World Bank (1998): Good Practice Statement: Involving Nongovernmental Organizations in Bank-Supported Activities. Hg. v. World Bank Group. Online verfügbar unter http://go.worldbank.org/Z1R2COYCB0, zuletzt geprüft am 05.12.12.

World Commission on Environment and Development - United Nations General Assembly (1987): Report of the World Commission on Environment and Development: Our Common Future. Annex to document A/42/427 - Development and International Co-operation: Environment. Brundtland-Report. Hg. v. Gro Harlem Brundtland. United Nations. Online verfügbar unter http://www.un-documents.net/wced-ocf.htm, zuletzt geprüft am 05.12.12.

XKCD (2012): Sustainable. Hg. v. XKCD. Online verfügbar unter http://xkcd.com/1007/, zuletzt geprüft am 05.12.12.

Yin, Robert K (2003): Case Study Research. Design and Methods. 3. Aufl. Thousand Oaks, Calif.: Sage (5).

Young, William; Tilley, Fiona (2006): Can Businesses Move Beyond Efficiency? The Shift toward Effectiveness and Equity in the Corporate Sustainability Debate. In: *Business Strategy and the Environment* 15 (6), S. 402–415.

Yunus, Muhammad (2006): Nobel Lecture 10.12.2006. Nobel Peace Prize 2006. Oslo, 2006.

Zahn, Erich (1973): Wachstumsbegrenzung als Voraussetzung einer wirksamen Umweltpolitik? In: Christopher Horn, Martin P. von Walterskirchen und Jörg Wolff (Hg.): Umweltpolitik in Europa. Referate und Seminarergebnisse des 2. Symposiums für wirtschaftliche und rechtliche Fragen des Umweltschutzes an der Hochschule St. Gallen vom 31. Oktober bis 2. November 1972. Frauenfeld: Huber, S. 73–109.

Zahn, Erich (1992): Konzentration auf Kompetenz - ein Paradigmawechsel im Strategischen Management? In: Erich Zahn (Hg.): Erfolg durch Kompetenz. Strategie der Zukunft. Stuttgart: Schäffer-Poeschel, S. 1–38.

Zahn, Erich (1997): Rüsten für den Wettbewerb um die Zukunft. In: Erich Zahn und Stefan Foschiani (Hg.): Wettbewerb um die Zukunft. Stuttgart: Schäffer-Poeschel, S. 1–17.

Zahn, Erich (2001): Wertorientierung mit dynamischen Strategien. In: Erich Zahn und Stefan Foschiani (Hg.): Geschäftsstrategien im dynamischen Wettbewerb. Aachen: Shaker Verlag, S. 1–24.

Zahn, Erich (2010): Strategieoptionen auf dem Weg zum Lösungsanbieter. In: Péter Horváth (Hg.): Vom Produkt- zum Lösungsanbieter. Erfolgreiche Konzepte und Praxisbeispiele der Entwicklungsschrittfolge. Bonn: Lemmens, S. 27–46.

Zahn, Erich (Hg.) (2007): Erfolgreich produzieren am Standort Deutschland. Eine strategische Herausforderung. Bonn: Lemmens Medien GmbH.

Zahn, Erich; Foschiani, Stefan (2002): Logik und Dynamik von Unternehmensnetzwerken. In: Siegfried Wirth (Hg.): Vernetzt planen und produzieren. Neue Entwicklungen in der Gestaltung von Forschungs-, Produktions- und Dienstleistungsnetzen. Stuttgart: Schäffer-Poeschel, S. 65–79.

Zahn, Erich; Goll, Frauke; Reichel, André (2008): Sensemaking in Industrieunternehmen. In: *Industrie Management* 24 (2), S. 50–54.

Zahn, Erich; Kapmeier, Florian; Tilebein, Meike (2006): Formierung und Evolution von Netzwerken - ausgewählte Erklärungsansätze. In: Franz Wojda und Alfred Barth (Hg.): Innovative Kooperationsnetzwerke. 1. Aufl. Wiesbaden: Deutscher Universitäts-Verlag, S. 129–150.

Zahn, Erich; Tilebein, Meike; Reichel, André; Goll, Frauke; Haag, Hans-Christian (2010): Strategische Früherkennung in Wertschöpfungsnetzwerken. In: Peter Nyhuis (Hg.): Wandlungsfähige Produktionssysteme. Berlin: GITO (Schriftenreihe der Hochschulgruppe für Arbeits- und Betriebsorganisation e. B. (HAB)), S. 97–101.

Zahra, Shaker A. (1996): Governance, Ownership, and Corporate Entrepreneurship: the Moderating Impact of Industry Technological Opportunities. In: *Academy of Management Journal* 39 (6), S. 1713–1735.

Zahra, Shaker A.; Rawhouser, Hans N.; Bhawe, Nachiket; Neubaum, Donald O.; Hayton, James C. (2008): Globalization of Social Entrepreneurship Opportunities. In: *Strategic Entrepreneurship Journal* 2 (2), S. 117–131.

Zahrnt, Angelika (2009): Schöne Worte und viele Zahlen. Die Bewertung der Nachhaltigkeit und die Berichterstattung darüber. In: *Ökologisches Wirtschaften* (4), S. 28–29.

Ziegler, Bernd (1998): Geschichte des ökonomischen Denkens. Paradigmenwechsel in der Volkswirtschaftslehre. München: Oldenbourg.

FSC
www.fsc.org
MIX
Papier | Fördert gute Waldnutzung
FSC® C083411

Zeitfracht Medien GmbH
Ferdinand-Jühlke-Straße 7
99095 Erfurt, Deutschland
produktsicherheit@kolibri360.de